建筑电气设备知识及招标要素系列丛书

电能管理系统知识及招标要素

中国建筑设计院有限公司　主编

中国建筑工业出版社

图书在版编目（CIP）数据

电能管理系统知识及招标要素/中国建筑设计院有限
公司主编 . —北京：中国建筑工业出版社，2016.9
（建筑电气设备知识及招标要素系列丛书）
ISBN 978-7-112-19484-1

Ⅰ.①电⋯　Ⅱ.①中⋯　Ⅲ.①电力系统-基本知识
②电力系统-电力工业-工业企业-招标-中国　Ⅳ.①TM7
②F426.61

中国版本图书馆 CIP 数据核字（2016）第 126603 号

本书共 4 篇，第 1 篇给出了电力监控系统招标文件的技术部分；第 2 篇叙述了电力监
控系统制造方面的基础知识；为了使读者更好地掌握电力监控系统的技术特点，第 3 篇摘
录了部分电力监控系统的产品制造标准；为了帮助建设、设计、施工、咨询、监理对项目
有一个大致估算，第 4 篇提供了部分产品介绍及市场报价。

责任编辑：李玲洁　张文胜　田启铭
责任设计：王国羽
责任校对：王宇枢　张　颖

建筑电气设备知识及招标要素系列丛书
电能管理系统知识及招标要素
中国建筑设计院有限公司　主编

*

中国建筑工业出版社出版、发行（北京西郊百万庄）
各地新华书店、建筑书店经销
唐山龙达图文制作有限公司制版
北京云浩印刷有限责任公司印刷

*

开本：787×960 毫米　1/16　印张：10¾　字数：157 千字
2016 年 9 月第一版　　2016 年 9 月第一次印刷
定价：**32.00 元**
ISBN 978-7-112-19484-1
（28746）

编辑委员会

编 制 说 明

　　建筑电气设备知识及招标要素系列丛书是为了提高工程建设过程中，电气建造质量所做的尝试。

　　在工程建设过程中，电气部分涉及面广，系统也越来越多，涉及面也很广，稍有不慎，将造成极大的安全隐患。

　　这套系列丛书以招标文件为引导，普及了大量电气设备制造过程中的实用基础知识，不仅为建设、设计、施工、咨询、监理等人员提供了实际工作中常见的技术设计要点，还为他们了解、采购性价比高的产品提供支持和帮助。

　　本册为电能管理系统知识及招标要素，第 1 篇给出了电能管理系统招标文件的技术部分；第 2 篇叙述了电能管理系统制造方面的基础知识；为了使读者更好地掌握电能管理系统的技术特点，第 3 篇摘录了部分电能管理系统的产品制造标准；为了帮助建设、设计、施工、咨询、监理对项目有一个大致估算，第 4 篇提供了部分产品介绍及市场报价。

　　在此，特别感谢珠海派诺科技股份有限公司（简称"厂家 1"）、安科瑞电气股份有限公司（简称"厂家 2"）、溯高美索克曼（北京）能源技术有限公司（简称"厂家 3"）提供的技术支持。

　　注意书中下划线内容，应根据工程项目特点修改。

　　总之，尝试就会有缺陷、错误，希望建设、设计、施工、咨询、监理单位，在参考《建筑电气设备知识及招标要素系列丛书》时，如有意见或建议，请寄送中国建筑设计院有限公司（地址：北京市车公庄大街 19 号，邮政编码 100044）。

中国建筑设计院有限公司

2016 年 5 月

目　　录

⚡ 目录

第1篇　变配电所电能管理系统招标技术标准和要求

第1章　总　　则

1.1　项目概述

1.1.1　工程名称：

1.1.2　建设单位：

1.1.3　设计单位：

1.1.4　总承包单位：

1.1.5　建设地点：

1.1.6　工程概况：

1.1.7　资金来源：

1.2　技术规范及标准

本次采购设备的设计、生产、制作及安装、验收所采用的标准及规范均为最新版本的国家、部颁和行业现行标准及规范以及设计文件所规定的技术标准及规定。

供应商所提供的设备，包括供应商由其他生产厂家外购的设备和附件，都应遵守本篇第4章所列（但不限于）现行规范和标准，国家标准未列部分参照IEC标准，以下标准若有不同之处，以标准要求较高者为准。

供应商的所有设备及其备品备件，除本文件中规定的技术参数和要求外，其余均应遵循最新版本的国家标准（GB）、电力行业标准（DL）和国际单位制（SI），这是对设备的最低要求。

供应商使用上述以外的标准和规范时，应加以说明，供应商应清楚说明并提交用于替代的标准和规范，明显的差异点要说明。当所用的标准和规范等效于或优于上述要求时，该规范和标准才可能为采购人接受。

在环境保护方面，必须符合国家和建设当地有关标准要求；在节能方面，必须符合国家《民用建筑工程节能质量监督管理办法》和建设当地的公共和居住建筑节能设计标准。

第2章 招标内容

2.0.1 本项目变配电所电能管理系统，提出了监控系统的范围、功能、网络结构、技术指标、安装和产品标准等方面的技术要求。当其他技术标准或者技术资料与本技术条件不符时，以本技术条件为准。

一次系统构成：1个监控总站、n个低压变电站的通信分站。

系统监测范围：设计及招标规定的高、低压配电回路。

本次供货范围：(1) 电能管理计算机及软件系统；

(2) 通信管理机及网络电缆、附件；

(3) 高、低压智能监测仪表；

(4) 互感器。

参考图纸：设计院的高、低压一次系统图、变配电室平面布置图、配电箱系统图；公共建筑能耗动态监测系统图。

2.0.2 技术要求如下：变配电电能管理系统主要包括监控主机、网络交换机、通信管理机、监测仪表、互感器及网络电缆、附件等设备。仪表采用RS 485现场总线连接，通过通信管理机完成协议转换接入监控主机。

1. 现场控制站采用集中配置的方式，将现场I/O、监测仪表、传感器、变送器等现场监控元件及控制电源和可编程序控制器等设备统一安装在现场专用的监控柜中，通过二次信号线和控制线与配电柜及其他变配电设备相连，然后将采集的所有运行/故障状态信号和运行参数等信息通过通信网络上传至监控主机。

2. 电能管理系统包括：10kV中压配电系统、低压配电监控系统、配电箱监控等系统。

3. 电能管理系统结构采用多分层式网络结构，共分三层：主站层、通信层和现场采集层。

4. 由供应商成套提供线缆并负责布线、穿管敷设等工作，连接各终端设备到监控值班室。

5. 系统中以太网络布线利用综合布线系统，电力仪表及配电监控系统的供货商负责系统设备至信息接口间的线路敷设和端接，采用标准 UTP，敷设在本系统专用线槽或穿钢管。

6. 现场 I/O、智能型电力监测仪表、传感器、智能变送器等现场监控元件和设备与前端机、网络集线器等之间的连线采用铜芯双绞线，敷设在本系统专用线槽或穿钢管敷设。

7. 电源采用 ZR-YJY 阻燃低烟交联线缆，单独敷设在系统专用线槽或穿钢管敷设。

第 3 章　使用环境

设备使用和运行应适合于如下安装地点的环境条件：

3.0.1　除本技术要求特别指明外，必须满足下列室内外环境下运行，设备的规格实验应按下列条件进行：环境温度_____～_____℃；年平均温度_____℃；日均相对湿度≤_____％（+25℃），月均相对湿度≤_____％（+25℃），有凝露的情况发生；海拔高度<_____ m；大气压力约_____ kPa；地震烈度不超过_____度。

部分厂家的设备使用环境条件见表 1.3-1。

部分厂家的设备使用环境条件　　　　　　　　　表 1.3-1

技术指标 ＼ 厂家名称	厂家 1	厂家 2	厂家 3
环境温度（℃）	−10～+40	−10～+43	−15.9～+42
年平均温度（℃）	+30	+30	+30
日均相对湿度（％）	95	95	≤95
月均相对湿度（％）	90	90	≤90
凝露强度	有	有	有
海拔高度（m）	<1000	≤1000	≤1000
大气压力	—	66～108	—
地震烈度	8	7	7

3.0.2 按本技术要求，某些设备将需按更恶劣的条件作为规格选定，而所有设备有可能在更高温度和更高湿度之不正常条件下做短暂性的操作。

3.0.3 周围空气应不受腐蚀性或可燃气体、水蒸气等明显污染。

电力参数：除本技术要求特别指出外，所有电气设备及安装应符合下列要求：额定运行电压为 380V±10%，额定频率为 50Hz±5%，接地方式为 TN-S。

第4章 遵循的规范、标准

依据和参照以下标准和规范，所示标准均应采用最新有效版本。

《计算机场地通用规范》GB/T 2887—2011

《外壳防护等级（IP 代码）》GB 4208—2008

《信息技术设备 安全 第1部分：通用要求》GB 4943.1—2011

《量度继电器和保护装置的电气干扰试验 第1部分：1MHz 脉冲群干扰试验》GB/T 14598.13—2008

《计算机场地安全要求》GB 9361—2011

《电力装置的继电保护和自动装置设计规范》GB 50062—2008

《量度继电器和保护装置的冲击和碰撞试验》GB/T 14537—1993

《电气装置安装工程 盘、柜及二次回路接线施工及验收规范》GB 50171—2012

《交流电量转换为模拟量或数字信号的电测量变送器》GB/T 13850—1998

《计算机软件测试规范》GB/T 15532—2008

《远动设备及系统接口（电气特性）》GB/T 16435.1—1996

《电磁兼容试验和测量技术 抗扰度试验总论》GB/T 17626.1—2006

《电磁兼容试验和测量技术 静电放电抗扰度试验》GB/T 17626.2—2006

《电磁兼容试验和测量技术 射频电磁场辐射抗扰度试验》GB/T 17626.3—2006

《电磁兼容试验和测量技术 电快速瞬变脉冲群抗扰度试验》GB/T

17626.4—2008

《电磁兼容试验和测量技术　浪涌（冲击）抗扰度试验》GB/T 17626.5—2008

《电磁兼容试验和测量技术　射频场感应的传导骚扰抗扰度》GB/T 17626.6—2008

《电磁兼容试验和测量技术　工频磁场的抗扰度试验》GB/T 17626.8—2006

《电磁兼容试验和测量技术　阻尼振荡磁场抗扰度试验》GB/T 17626.10—1998

《电磁兼容试验和测量技术　电压暂降、短时中断和电压变化抗扰度试验》GB/T 17626.11—2008

《电磁兼容试验和测量技术　振荡波抗扰度试验》GB/T 17626.12—2013

《电力系统实时数据通信应用层协议》DL 476—2012

《交流电气装置接地设计规范》GB 50065—2011

《交流采样远动终端技术条件》DL/T 630—1997

《远动设备及系统第 5101 部分：传输规约基本远动任务配套标准》DL/T 634.5101—2002

《远动设备及系统第 5 部分：传输规约第 103 篇：继电保护设备信息接口配套标准》DL/T 667—1999

《电力系统继电保护柜及安全自动装置柜（屏）通用技术条件》DL/T 720—2013

《电测量及电能计量装置设计技术规程》DL/T 5137—2001

《火力发电厂、变电站二次接线设计技术规程》DL/T 5136—2012

第 5 章　主要技术要求

5.1　电能管理系统

电能管理系统的计算机监控网络采用分层分布式网络结构，整个系统分为主站层、通信层和现场采集层。

1. 主站层内设置电能管理系统硬件设备、监控系统软件等。

监控软件安装于计算机上，将中间层传来的现场设备的数据，通过人机界面的方式显示给用户，通过处理发送命令给现场控制层设备，完成电能管理及报警，根据甲方及设计的需要完成相应的操作，如跳闸、合闸等。

2. 通信层设备即通信管理机，具有数据处理及通信功能，实现现场层设备和主站层设备之间信息的"上传下发"（即网络连接，转换和数据、命令的交换），并监视、管理各保护及监控单元等设备。通信管理机可通过串行接口接入网络交换机，集成电能管理系统。

3. 现场层负责现场监测，现场层的主要设备为：10kV 多功能电力监测仪表、低压多功能电力监测仪表等。这些仪表与一次设备对应分散布置，安装在开关柜内，上述设备均设有网络通信接口，通过现场总线将相关设备连接起来。主要对电力设备进行数据采集、动态显示，并上传至通信层。

4. 主站层网络采用以太网或现场总线，其网络通信速率应满足系统实时性要求，至少应不小于 100Mbps。主站层所有设备之间（包括通信管理机）应能通过以太网或现场总线传输信息。设备间通信介质根据设计图纸要求确定。

5. 反映全系统数据信息的实时数据库和历史数据库设置在主站层系统服务器内。

5.2　电能管理系统要求

5.2.1　硬件要求

1. 电能管理系统的硬件可由计算机、通信管理机、网络交换机、显示器、打印机、UPS 不间断电源、GPS 时钟、声光报警装置及动态模拟屏等组成。

2. 系统硬件设备的组网、构架应满足甲方和设计图纸的要求。具备与上级监控系统通信接口。

3. 系统硬件以微处理器为基础，适应电力工业应用环境的产品设备。其主机容量应满足整个系统功能要求和性能指标要求，除本身所需的容量外，还应留有适当的裕度。

4. 系统接口应采用国家标准和国际标准，支持与上级管理计算机网络及计算机设备的互联，具有良好的兼容性。

5. 整个电能管理系统各层间采用标准化、开放式的通信协议，并且应该满足中国电力系统相关规范。主站层与通信层可采用　　　规约，通信层与现场采集层可采用　　　规约。部分厂家的通信规约见表 1.5-1。

<table>
<tr><td colspan="2" rowspan="2">部分厂家的监控系统技术指标</td><td></td><td></td><td>表 1.5-1</td></tr>
<tr><td></td><td></td><td></td></tr>
</table>

<table>
<tr><td>厂家名称
通讯规约</td><td>厂家 1</td><td>厂家 2</td><td>厂家 3</td></tr>
<tr><td>主站层与通信层</td><td>103 或 CDT</td><td>103 或 MODBUS</td><td>MODBUS</td></tr>
<tr><td>通信层与现场采集层</td><td>103 或 MODBUS</td><td>103 或 MODBUS</td><td>MODBUS</td></tr>
</table>

6. 监控系统的设计应具有诊断至模块级的自诊断技术，使其具有高度的可靠性。

7. 系统应具有良好的电磁兼容特性，在任何情况下均不应发生拒动、误动、扰动，影响监控系统的正常运行。

8. 系统内任一组件发生故障，均不应影响系统其他部分的工作。主站层发生故障而停运时，不应影响现场采集层设备的正常运行和监控。系统中任一设备故障时，应向主站层报警。

5.2.2　软件要求

1. 操作系统采用 Windows 主流系统，数据库采用微软 SQLserver 标准商业数据库。系统软件要求采用适用于高、低压变、配电系统一体化综合监控的专业化组态软件，中文标准平台，开放式结构，实时多任务系统，可适应多个低压配电室，支持双机双网配置。

2. 操作系统防止数据文件的丢失或破坏。

3. 操作系统可适应硬件和实时数据库的变化。

4. 操作系统支持虚拟存储的能力。

5. 操作系统支持用户开发的程序装入实时系统运行，实现其运行的功能。

6. 操作系统能有效地管理各种外部设备。

7. 卖方应提供编程语言的编译系统及与数据库、管理程序等接口，便于用户根据需要二次开发。同时不影响整个系统的正常运行。

8. 软件应符合国标和国际标准，其系统的功能可靠性、兼容性及界面友善性等指标应满足系统本期及远景规划要求。

9. 软件便于维护，具有自检和联机诊断校对能力。系统应提供有完善的检测维护手段，包括在线和离线，以便准确、快速进行故障定位。

10. 系统的软、硬件设备应具有良好的容错能力。当数据采集处理系统的通信出错，以及当运行人员或工程师在操作中发生一般性错误时，均不引起系统的正常运行，对意外情况引起的故障，系统应具有恢复能力，且恢复时不丢失数据。

5.3　10kV 多功能电力监测仪表技术要求

1. 10kV 高压开关柜直接通过 10kV 多功能电力监测仪表采集高压系统信号。在变配电室内预留 380V 交流电源，为变配电室电能管理系统供电。系统工作的直流电源，随厂家自带。监控系统采集直流信号，并通过 RS 232 或 RS 485 接口与直流系统通信。设置专用远程通信管理机，能够实现与上级调度端或配电中心通信。

2. 10kV 多功能电力监测仪表：

（1）高压进线柜、联络柜测量单元包括但不限于：

模拟量采集：三相电压、三相电流、有功功率、无功功率、频率、功率因数、有功电度、无功电度、谐波。

状态量采集：断路器状态、手车工作位置、电机储能、综合继电保护装置的故障跳闸信号（过流，速断，接地）。

（2）高压馈线柜测量单元包括但不限于：

模拟量采集：三相电压、三相电流、频率、功率因数、有功电度、无功电度。状态量采集：断路器状态、手车工作位置、电机储能、变压器高温报警信号、变压器超高温跳闸信号、综合继电保护装置的故障跳闸信号（过流，速断，接地）以及接地开关的状态。

5.4　低压多功能电力监测仪表技术要求

所有低压回路均需配置独立的三相多功能电力监测仪表，具有遥测、遥信、(遥控)、远方参数设置及网络通信一体化功能；电力监控仪表必须具备中国电力科学研究院 CMA 认证或同等的国家级检测机构的型式试验报告。装置工作电源为 70～250V 交、直流通用电源。

1. 低压多功能电力监测仪表：

低压多功能电力监测仪表的测量及显示项目包括但不限于：

(1) 低压进线柜测量单元：

模拟量采集：三相电压、三相电流、频率、功率因数、有功功率、无功功率、有功电度、无功电度；事件顺序记录 (SOE)、谐波分析功能 (包括电压、电流总谐波畸变率和三相电压、电流不平衡度的测量)。

状态量采集：进线断路器状态、故障报警；变压器高温报警信号、变压器超高温跳闸信号。

控制量输出：实现断路器遥控分/合闸操作及防误闭锁操作。

(2) 低压母联断路器监测单元：

模拟量采集：三相电压、三相电流、频率、功率因数、有功功率、无功功率、有功电度、无功电度；事件顺序记录 (SOE)、谐波分析功能 (包括电压、电流总谐波畸变率和三相电压、电流不平衡度的测量)。

状态量采集：进线断路器状态、故障报警；采集断路器分合状态、断路器故障状态。

控制量输出：实现断路器遥控分/合闸操作及防误闭锁操作。

(3) 低压馈出断路器监测单元：

模拟量采集：三相或单相电压、三相或单相电流、频率、功率因数、有功功率、无功功率、有功电度、无功电度；事件顺序记录 (SOE)，谐波分析功能包括电压、电流总谐波畸变率和三相电压、电流不平衡度的测量。

状态量采集：断路器状态，故障报警。

2. 装置的开关量输入接点 (DI) 数量不少于_____路，继电器遥控输出接点 (DO) 数量不少于_____路，继电器容量不小于 AC250V/5A。

部分厂家的 DI、DO 点数见表 1.5-2。

部分厂家的 DI、DO 点数　　　　　　　　表 1.5-2

厂家名称 DI、DO 点数	厂家 1	厂家 2	厂家 3
DI 点数（点）	4	3	6
DO 点数（点）	2	2	6

3. 对"带分励机构"的开关可实现经确认后的手动、自动遥控分闸减负荷功能。

4. 装置具有独立的三相数字式综合显示功能，可显示配电回路的运行状态及测量参数。

5. 低压电力监测仪表供应商应能够根据系统功能需要提供多种型号的产品。

6. 安装方式应满足各种低压开关柜型：

（1）进线回路、联络回路及 630A 及以上馈线回路采用三相综合电力监测仪表，直接分布式安装在开关柜面，具有三相综合电量测控、计量显示功能。

（2）400A 及以下馈线回路的监测仪表，若采用测控单元、显示单元分体安装方式，测控单元应直接分布式安装在低压柜抽屉内，三相综合数字显示单元在抽屉柜面安装。

7. 具有 RS 485 通信接口，开放或标准的通信协议，以便向后台系统传递各种信息。

8. 装置具有良好的电磁兼容性能，静电放电等级≥_____级，电快速瞬变脉冲群等级≥_____级，浪涌（冲击）等级≥_____级，辐射电磁场≥_____级。

部分厂家的电磁兼容性能见表 1.5-3。

部分厂家的电磁兼容性能　　　　　　　　表 1.5-3

厂家名称 电磁兼容性能	厂家 1	厂家 2	厂家 3
静电放电等级（级）	4	4	3
电快速瞬变脉冲群等级（级）	4		4

厂家名称 电磁兼容性能	厂家1	厂家2	厂家3
浪涌(冲击)等级(级)	4	4	4
辐射电磁场(级)	—	3	3

9. 装置电源具有强抗干扰能力，仪表设置参数及电能表底值具有掉电保持功能。

10. 远程对设备进行参数设置，包括电流、电压互感器变比、波特率、地址及接线方式。

11. 输入范围：

（1）电压输入：

额定输入：_____ VAC；

量程范围：_____ 倍额定输入；

过载能力：_____ VAC（连续），_____ VAC（ls）；

输入阻抗：_____ MΩ；

功率消耗：≤_____ VA/相。

部分厂家的电压输入技术参数见表1.5-4。

部分厂家的电磁兼容性能　　　　　　　　　　　表 1.5-4

厂家名称 电磁兼容性能	厂家1	厂家2	厂家3
额定输入(VAC)	100、220、380	100、400	相电压 28～404VAC
量程范围(倍)	1.5	1.2	1.5
过载能力	600 连续,1500ls	1.2 持续	持续过载:800VAC
输入阻抗(MΩ)	1	0.2	1
功率消耗(VA/相)	0.5	0.2	≤0.1VA

（2）电流输入：

额定输入：_____ A；

量程范围：_____ 倍额定输入；

过载能力：_____ A（连续），_____ A（ls）；

功率消耗：≤_____ VA/相

部分厂家的电流输入技术参数见表1.5-5。

部分厂家的电磁兼容性能　　　　　　　表 1.5-5

厂家名称 电磁兼容性能	厂家1	厂家2	厂家3
额定输入(A)	5	5(或1)	1A/5A
量程范围(倍)	1.5	1.2	1.2
过载能力	10 连续,200ls	1.2 倍持续,10 倍ls	10·In ls 内
功率消耗(VA/相)	0.2	0.2	≤0.1

（3）测量精度：电流、电压不低于＿＿＿＿＿级，有功功率不低于＿＿＿＿＿级，无功功率不低于＿＿＿＿＿级，功率因数不低于＿＿＿＿＿级，频率不低于＿＿＿＿＿级，有功、无功电度不低于＿＿＿＿＿级。

部分厂家的测量精度见表1.5-6。

部分厂家的测量精度　　　　　　　表 1.5-6

厂家名称 测量精度	厂家1	厂家2	厂家3
电流、电压(级)	0.2	1.5	0.2
有功功率(级)	0.5	0.5	0.5
无功功率(级)	0.5	1	1
功率因数(级)	0.5	0.5	0.5
频率(级)	0.1	0.5	0.1
有功、无功电度(级)	0.5	1	有功:0.5s 无功:2

5.5　电能管理系统技术指标

1. 监控信息量（包括遥信/遥测/遥调/遥控/计算量）总点数：不少于＿＿＿＿＿点。

2. 画面响应时间≤＿＿＿＿＿ s；

3. 画面动态数据刷新时间≤＿＿＿＿＿ s；

4. 事件顺序记录（SOE）分辨率≤＿＿＿＿＿ ms；

5. 系统时钟同步精度不大于＿＿＿＿＿ ms；

6. 遥信响应时间≤_____ s；

7. 遥测响应时间≤_____ s；

8. 遥控、遥调响应时间≤_____ s；

9. 系统可靠性指标：

系统可用率≥_____%；

遥控、遥调执行可靠率≥_____%；

遥信处理正确率≥_____%；

系统平均无故障时间（MTBF）≥_____ h。

部分厂家的监控系统技术指标见表 1.5-7。

部分厂家的监控系统技术指标　　　　　　　　　表 1.5-7

技术指标 \ 厂家名称	厂家1	厂家2	厂家3
监控信息量（点）	8000	8000	—
画面响应时间（s）	2	2	2～4
画面动态数据刷新时间（s）	2	2	5
事件顺序记录（ms）	2	1	1
遥信响应时间（s）	4	2	3
遥测响应时间（s）	15	2	3
遥控、遥调响应时间（s）	1	1	3
系统可用率（%）	99.99	99.99	99.9
遥控、遥调执行可靠率（%）	99.99	99.99	100
遥信处理正确率（%）	99.99	99.99	99.9
系统平均无故障时间（MTBF）（h）	100000	10000	20000

5.6　电能管理系统功能要求

5.6.1　实时数据采集与处理

1. 模拟量采集：

具体采集参数见本篇 5.3 节和本篇 5.4 节多功能电力监测仪表技术要求。

2. 状态量采集：

具体采集参数见本篇 5.3 节和 5.4 节电力监测仪表技术要求。

3. 控制量输出：

具体采集参数见本篇 5.3 节和 5.4 节电力监测仪表技术要求。

4. 数据处理：

（1）分别累计出日、月、年的进出电量；

（2）可整定进出回路电量的上、下限越限定值，越限动作后发声光报警信号，并记录越限动作时间及动作值；

（3）统计计算：①电量的最大值、最小值、平均值；②负荷率；③母线有功、无功功率分析及功率因数；④显示瞬时测量值。

5.6.2 事件顺序记录

显示器上显示动作顺序，并在打印机上打印。顺序事件应该存档，存档保存时间可由用户确定。

5.6.3 运行监视

显示器应表示本系统各种结构图、实时数据表格、负荷曲线、电压棒形图、饼形图、系统状态图等。

1. 变电站电气主接线图；

2. 报表显示；

3. 提示行显示；

4. 综合自动化系统运行状况表；

5. 变电站管理画面显示；

6. 系统周波、时钟、日期显示；

7. 录波波形分析。

5.6.4 安全监视：

1. 断路器变位显示；

2. 断路器跳闸音响报警、动画显示和记录；

3. 系统检测结果提示及故障告警；

4. 事故和异常告警；

5. 预告警与事故告警相同。

5.6.5 事故追忆及故障录波

对于高压系统所有回路，软件系统的事故追忆表的容量能记录事故前

1min 至事故后 5min 相关高压回路的各种模拟量，同时应具备从高压保护装置中读取 10 个周波的故障录波波形并在后台系统画面中显示的功能。

5.6.6　打印表的生成和修改

1. 监控系统根据采集的实时数据，可以计算：

2. 电流 I、电压 U、有功功率 P、无功功率 Q、频率 f、功率因数 $cos\varPhi$、有功电度、无功电度；

3. 可进行有关量值的日、月、年最大、最小值及出现的时间统计；

4. 可计算电度量累积值和分时段值；

5. 日、月、年电压和功率因数合格率的分时段统计；

6. 功率总加、电能总加；

7. 送入、送出负荷及电量平衡率；

8. 负荷率及损耗；

9. 断路器正常跳闸次数、事故跳闸次数和停用时间统计，断路器月、年运行率等数据统计；

10. 变压器的停用时间及次数统计；

11. 所用电率计算；

12. 电压-无功最优调节计算；

13. 安全运行天数累计。

5.6.7　画面生成及显示

1. 界面编辑器是生成监控系统的重要工具，地理图、接线图、列表、棒图等画面都是在界面编辑器中生成的。由界面编辑器生成的画面都能被在线系统调出显示。接线图、列表是查看数据、进行操作的主要界面。

2. 界面编辑器提供了方便的编辑功能，使作图效率更高，提供报表、列表自动生成工具，加快作图速度。

3. 在线监控系统界面是由桌面、日历、在线运行控制板和接线图、报表浏览、报警事件、事件浏览、保护管理、事故追忆等操作窗口组成。

4. 界面可显示：一次设备状态以及实时数据，包括接线图、地理图、数据一览表等，显示画面可动态着色。

5. 事件信息，包括遥测越限报警、遥测越限恢复正常、遥信正常变位、事故变位、SOE、遥调、遥控结果等；显示事件列表，并提供各种查询手段。

6．显示保护信息，包括保护动作信息、保护自检信息、保护定值、故障波形。

7．可以进行保护信号复归、保护定值整定。

8．显示保护事件信息列表，并提供查询手段。

9．进行遥调、遥控、人工置数、报警确认等运行操作。

10．提供多种统计功能。

11．显示实时曲线和历史曲线。

12．显示实时报表和历史报表，进行人工打印。并可设置定时打印历史报表。

13．事故追忆功能、追忆数据画面显示功能。

14．操作票的图形化制作、模拟执行、执行等功能。

15．小电流接地选线功能。

16．运行设备管理。

17．监视系统通信报文。

5.6.8　人机接口

1．值班员可借助鼠标和键盘方便地在显示器上与计算机对话，包括调用显示内容和进行操作。

2．系统运行：主接线图、报表浏览、事件浏览、保护管理、设备管理、曲线浏览。

3．应用功能：电压无功自动调节、接地选线、事故追忆。

4．窗口操作：向前、退后、缩放、复原、全图、根画面、平铺窗口、层叠窗口、全部关闭。

5．维护工具：报表制作、画面编辑、数据库编辑、权限管理、系统设置、隐藏显示系统任务栏。

6．帮助：提供系统的在线帮助。

7．关于…：显示系统版本信息。

8．系统退出：退出系统运行界面。

5.6.9　运行管理功能

1．运行操作指导：能对典型的设备异常或事故提出操作指导意见，编制设备运行技术统计表，并推出相应的操作指导画面。

2. 事故分析检索：对突发事件所产生的大量报警信息进行筛选和分析。对典型的事故可直接推出相应的操作指导画面。

3. 在线设备管理：对主要设备的运行记录和历史记录数据进行分析，提出设备运行情况报告和检修建议。

4. 操作票：根据运行要求完成操作票的生成、预演、打印、执行、记录。

5. 模拟操作：提供电气一次系统及二次系统有关布置、接线、运行、维护及电气操作前的实际预演，通过相应的操作画面对运行人员进行操作培训。

6. 其他日常管理：操作票、工作票管理，运行记录及交接班记录管理，设备运行状态，缺陷记录，维修记录，规章制度等。

7. 各种文档能存储、检索、编辑、显示、打印。

8. 系统数据库记录保存周期不小于 2 年。

5.6.10　与上级调度的信息交换以及其他通信接口

1. 与继电保护及监控仪表的通信。

2. 系统的自诊断和自恢复。

3. 方便的运行维护功能。

4. 通信接口软件。计算机集中监控系统有较多的通信接口驱动软件，主要是：

与变电站自动化装置的通信接口软件；

与有关调度自动化系统的通信接口软件；

与配网自动化系统的通信接口软件；

主站与各个监控分站的通信接口软件；

系统与其他智能监控系统通信；

计算机集中监控系统与变电站自动化设备以及其他系统的通信规约执行国家标准、行业标准及 IEC 标准。

5. 其他需要说明的问题。技术条件中没有明确但组成系统所必需的设备、材料以及系统的调试、安装、敷设、施工、接线等一系列问题必须明确说明，所有标准符合国家标准和项目当地的电力系统验收要求。通信走线槽可根据设计要求及现场情况与建筑设备监控系统共用，不能共用的由系统提供商负责。通信路由、平面图、标高、电缆长度统计根据设计系统图和现场实测为准。

第6章 运输、验收

6.1 运输

1. 产品包装应能有效防止产品损坏，适合于运输，并应符合国家标准中关于包装、运输及贮存要求，并按国家标准要求标识。

2. 本项目各种规格型号产品选用、技术要求、试验方法均按照国家相关规范、标准要求，即现行国家标准执行，并满足工程现场的实际要求。

6.2 验收

1. 按照业主和中标方合同约定的范围，项目施工完毕后，由中标方提交项目验收计划申请表，由业主或总包单位组织相关人员进行项目验收。

2. 验收资料及流程：

（1）系统竣工文档、图纸、资料准备；

（2）培训业主的操作和维护人员；

（3）系统试运行，报请业主、监理进行系统验收；

（4）对验收不合格项目，进行调整，直至验收合格；

（5）调试工作完成后，系统进入试运行期，系统试运行期满、整改完毕后进行系统的整体验收。

第7章 培 训

1. 中标方须提供必须的培训设施和课程，以确保业主的工程技术人员了解和熟悉变配电所智能电能管理系统的硬件和软件系统、学习系统日常运行、维护和排除故障的技术和技巧。如各类设备的正确操作流程、各项系统操作时可能发生的危险事故的预防措施、应变和保护措施等。

2. 主要培训内容（包括但不限于如下内容，要求有培训大纲）：

电能管理系统的软件交互性显示画面；

电能管理系统的软件使用；

运行培训；

产品结构和原理；

产品的安装、测试及操作；

系统硬件设备的正常操作和使用方法；

电气事故的防护措施；

机械事故的防护措施；

火灾和爆炸事故的防护措施等。

3. 中标方应至少提供 10 天（业主与中标方商定）的上述课程培训。

4. 用户有权复制中标方提供的各种技术资料，作为维护管理用。

第8章　招标清单

招标清单

序号	材料名称	规格型号	单位	数量	品牌	技术要求	使用部位	材料单价
1	高压综保装置	供应商按提供型号	台				高压柜	
2	高压回路仪表	供应商按提供型号	台				高压柜	
3	低压电力监测仪表	供应商按提供型号	台				低压柜	
4	低压电力监测仪表	供应商按提供型号	台				低压柜	
5	通信管理机	供应商按提供型号	台					
6	主站通信成套柜	供应商按提供型号	套					
7	主机	处理器,内存,硬盘,显卡,键盘,鼠标,USB口,串口	台					
8	显示器	液晶显示、英寸	台					
9	报警装置	音响(厂家出具品牌型号)	套					

续表

序号	材料名称	规格型号	单位	数量	品牌	技术要求	使用部位	材料单价
10	UPS	kVA	台					
11	打印机	A4	台					
12	网络机柜	厂家深化设计定（厂家报配置详单）通信箱	个					
13	中控室操作台	M	套					
14	以太网用网络电缆		m					
15	RS 485 通信总线		m					
16	光纤		m					
17	系统安装调试		项					

第2篇 电能管理系统基础知识

第1章 电能管理系统概述

1.1 电能管理系统概述

电能管理系统是采用智能化监控终端采集装置，包括微机总线保护器和网络电力仪表等，借助先进的网络通信设备及丰富的电力应用软件，实现遥信、遥测、遥控及遥调等功能，方便集中管理、集中调控，提高供电质量，加强供电管理水平。

集中智电能管理系统宜设在总变电所值班室内，分变电所不设置电能管理系统分站，当用户对某一分变电所的信息或者其他系统有需要时，可在总变电所电能管理系统中获取信息。

电能管理系统为独立的子系统方式，采用分层分布式网络结构，整个系统分为主站层（系统管理层）、通信层（中间层）及现场采集层（间隔层）。

1.2 智能电能管理系统的功能与系统形式

1.2.1 电能管理系统的基本功能

1. 数据采集与处理：监控系统可实时采集电气设备的模拟量（电流、电压、电度、频率、温度）和开关量（断路器及隔离开关位置信号、继电保护及自动装置信号、设备运行状态信号等）。监控系统将采集到的数据经实时处理后，送监控主机，为响应管理提供必要信息。

2. 操作控制：操作人员可通过总站或子站监控主机对配电系统内受控对象操作，还可在现场就地按钮控制。

3. 显示功能：图形显示高、低压变配电系统电气主接线图，可实现动态显示、连续记录、事故记录显示及电力品质分析等功能。

4. 电能成本管理：可实现年、月、日、小时的电能统计，还可进行峰、谷、平时段的电能分时计费、报表。

5. 故障分析：配电系统发生故障后，系统自动记录相关数据，弹出故障智能分析报告（如：故障跳闸的原因、性质、地点及发生时间），事故后可从计算机中调出，便于分析原因。

6. 数据库：采集的各分站信息，经过处理后形成标准的数据库，实时更新数据库。

1.2.2 电能管理系统的系统形式

变电所电能管理系统结构分为主站层、通信层和现场采集层。

1. 主站层内设置计算机、显示器、打印机、UPS 不间断电源、数据采集服务器、工业网络交换机、声光报警及动态模拟屏等。

显示采集数据，发送控制命令，完成响应（跳闸、合闸、报警等）和整定设置。对系统实时、全面监测，将变电所的供电质量、事故报警、电能分配等情况及时、准确地反映到系统，全局考虑调度命令。对每个变电所同步管理，掌握全楼电力运营状况，同时对位于监控中心的高、低压配电的各种电力参数采集并显示处理。

（1）计算机即主站层的监控主机，通常设置至少两台监控主机，一个主用，另一个备用。

现代计算机采用多核、高内存、高性能处理系统，Windows XP 以上多进程、多任务操作系统。

（2）UPS 不间断电源，向监控系统提供高质量电压频率、波形的、无时间中断的交流电源。

不间断电源设备给计算机供电时，单台 UPS 的输出功率应大于计算机各设备额定功率总和的 1.5 倍。UPS 应急供电时间按照设备供电连续性确定。

（3）动态模拟屏是中低压配电监控系统方案的重要组成部分。它对变配电的值班管理、模拟运行、操作培训都具有重要作用。具有大屏幕直观显示、智能集成控制、电能管理系统接口、模拟与实时操作双模式、实时数据测量和控制等功能。

（4）数据采集服务器，承担数据采集、处理、存储、分发检索、服务器之间数据同步功能。

（5）马赛克模拟屏，是新一代智能模拟屏，即电力系统中最普遍应用的电力模拟屏之一，主要适用于 35kV/10kV/0.4kV 变配电系统。可直观地反映电力系统工作状况、安全运行信息。

马赛克模拟屏分为静态式模拟屏和动态式模拟屏。二者相似之处：均采用整体显示的显示模式、采用双色指示灯动态显示、模拟运行。不同之处：动态式模拟屏具有 RS 232 串行通信接口，通过标准通信协议通信；通过遥测智能仪表遥测显示系统数据（见图 2.1-1）。

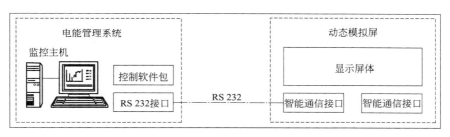

图 2.1-1　电能管理系统与动态模拟屏的通信

电能管理系统通过 RS 232 通信接口与动态模拟屏的智能通信接口建立通信，实时将遥信、遥测等电力数据发给智能通信接口，智能通信接口通过内部总线与控制智能驱动单元和遥测智能仪表实现数据传送。

马赛克模拟屏的屏面模块材料采用 ABS 或 PPO 阻燃工程塑料，采用浅灰色，具有阻燃、高强度、耐老化等特点。屏面模块单体尺寸有 16mm×16mm、20mm×20mm、25mm×25mm、50mm×50mm 多种规格的小方块，可以根据用户需求的不同灵活配置。

（6）LED 模拟屏，采用 LED 电子点阵显示技术，是电力系统中新型的电力模拟屏之一，主要适用于 35kV/10kV/0.4kV 变配电系统。可直观地反映电力系统工作状况、安全运行信息（见图 2.1-2）。

LED 模拟屏分为双基色模拟屏和全色彩模拟屏。二者相似之处：均采用电子点阵式显示模式、与计算机结合模拟操作、视频接口的通信方式、可灵活扩容改造。不同之处：双基色模拟屏采用双基色 LED 显示单元，属于多色彩显示。全色彩模拟屏采用三基色 LED 显示单元，属于全彩色显示。

专业显示卡安插在电能管理系统监控主机的一个 PCI 插槽内，负责将

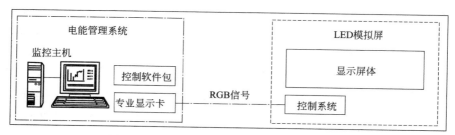

图 2.1-2　电能管理系统与 LED 模拟屏的通信

监控主机显示卡上的显示信号通过通信电缆传输给安装在 LED 模拟屏内的控制系统，经控制系统再将信号传输给所控制的单元显示板，驱动单元显示板上 LED 模块发光产生色彩丰富的图像。

2. 通信层，位于主站层与现场采集层之间，完成两层间网络连接、转换和数据、命令的传输与交换，并监视和管理各保护及监控单元等设备。主站层网络传输介质通常采用双绞线或光缆，现场层网络传输介质通常采用现场总线。

通信层由工业网络交换机、通信管理机、RS 232/RS 485 工业隔离器、光电转换器和电源模块等设备组成。

3. 现场采集层，10kV 保护测控装置、多功能电力监控仪表及开关量、模拟量采集模块、继电器输出模块等。这些模块与一次设备对应分散式布置，就地安装在开关柜内，上述设备均设有网络通信出口 RS 485，通过现场总线即 Modbus 将相关设备连接起来。上传至中间层，完成保护、控制、监控和通信功能。同时还具有动态实时显示功能，如开关状态运行参数、故障信息和事故记录、保护定值等功能。

1.2.3　电能管理系统性能参数要求

系统性能参数要求见表 2.1-1。

系统性能参数 表 2.1-1

技术指标说明	技术指标数据	备注
测量值指标		
I/O 数据采集/控制单元交流采样测量值误差（%）	≤	
电网频率误差（Hz）	≤	

续表

技术指标说明	技术指标数据	备注
测量值指标		
越死区传送整定最小值(%额定值)	≥	
状态信号指标		
全站断路器、继电保护状态量 SOE 分辨率(ms)		
遥控命令传送及信号返回总时间(s)	≤	
系统实时响应指标		
全系统实时数据扫描周期(s)	≤	
从 I/O 数据采集/控制单元输入模拟量越死区到监控主机显示(s)	≤	
从 I/O 数据采集/控制单元输入状态量变位到监控主机显示(s)	≤	
控制及调节命令传送并返回时间(s)	≤	
遥信变化传送时间(从 I/O 数据采集/控制单元输入端至远动数据处理及通信装置的通信出口)(s)	≤	
遥测变化传送时间(从 I/O 数据采集/控制单元输入端至远动数据处理及通信装置的通信出口)(s)	≤	
历史数据库储存容量		
历史曲线采样间隔	可调	
历史趋势曲线,日报、月报、年报储存时间(a)	≥	
历史趋势曲线(条)	≥	
事故追忆:事故前 1min,事故后 3min		
实时数据库在满足现有容量的基础上,再留有 30%裕度		
可靠性指标		
系统可用率(%)	≥	
遥控执行可靠率(%)	≥	
系统平均无故障时间(MTBF)(h)	≥	
数据采集及控制装置平均无故障时间(MTBF)(h)	>	
时钟同步误差(ms)		
CPU 负载率		
所有计算机 CPU 负荷率(%): 正常状态下(同时处理模拟量更新 30%,数字量变位处理 20%),任意时间内:	<	
在事故情况下(同时处理模拟量更新 100%,数字量变位处理 50%):	<	

续表

技术指标说明	技术指标数据	备注
CPU 负载率		
现场总线网负载率(%)：		
正常状态下：	<	
故障情况下：	<	
计算机局域网负载率(%)：		
正常状态下,任意 30min 内：	<	
事故情况下 10s 内：	<	

其中,不同的厂家对系统的性能要求不同。

第2章 电能管理系统的后台软件

中低压配电管理系统,可对变电所正常运行和事故状态进行实时监控、显示。还可进行数据采集、处理,完成电能计量、管理与谐波分析。此外,可定时自动报表打印,事故报警,事件记录。

2.1 实时数据采集与处理

利用现场安装的智能测量仪表,使用交流采样技术实时采集中压保护功能参数,采集中低压测量功能参数,如：电压、电流、有功、无功、功率因数、频率、有功电能、无功电能等。监测中低压回路开关量输入、继电器输出,异常报警信号、事件顺序记录信息。提供实时中低压系统主接线图、趋势曲线、报表等。实现进线断路器分位、进线自投闭锁、分段自投闭锁、断路器遥控等。

以某厂家后台软件为例,主页面如图 2.2-1 所示。

2.2 事件记录

记录所有的遥信、遥控操作、遥测越限、开关操作、保护自诊等事件。信息源可方便地从本机或服务器读取。

保护动作发生时,系统自动启动相关的测量数据记录,如事件发生的时刻、事件性质和名称,供系统进行事故追忆,显示、打印在 CRT、打印

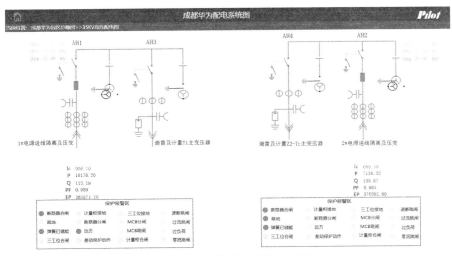

图 2.2-1　电能管理系统主页面

机上，可任意选择想要查看的事故追忆数据，供用户分析事故原因。

形成完备的数据库，如图 2.2-2 所示。

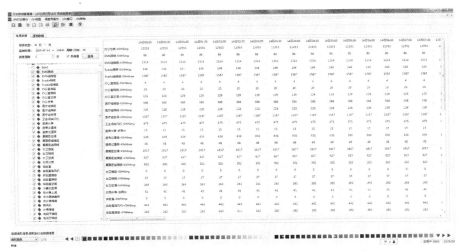

图 2.2-2　历史数据库界面

2.3　图形化显示功能

对电能管理系统的运行状态，如主接线图、网络结构图、负荷曲线图、波形分析图等多种图形以及用户提出的其他需要显示的运行状态画面。

高、低压配电系统图如图 2.2-3、图 2.2-4 所示。

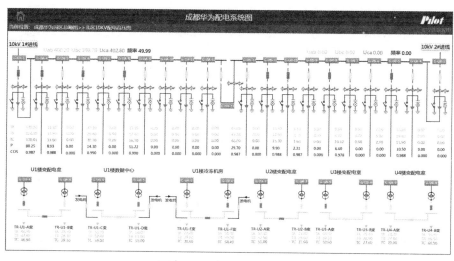

图 2.2-3　高压配电系统图

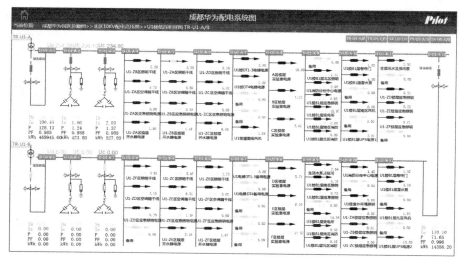

图 2.2-4　低压配电系统图

负荷曲线图如图 2.2-5 所示。

网络结构图如图 2.2-6 所示。

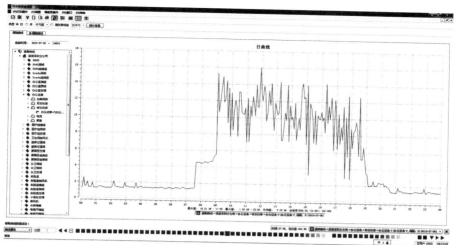

图 2.2-5　负荷曲线图

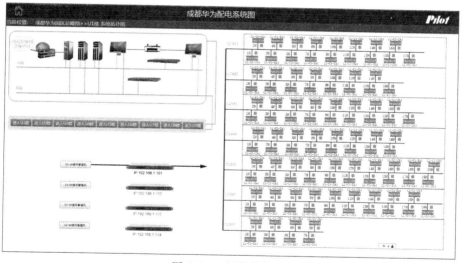

图 2.2-6　网络结构图

2.4　电能计量与管理功能

　　电能管理系统自动计算各种电能参数、累加统计总有功电能、总无功电能等，以便计量核对、制定节能计划、用电管理。

　　实时统计、显示各回路各时段的电量值，对电量数据进行分时统计，具有多种分时统计（尖、峰、平、谷值等）方案和费率计量。

双向电量显示、最大需量统计。

2.5　谐波分析功能

电能管理系统自动采集谐波数据，对谐波数据进行频谱分析和时域分析（见图2.2-7），并记录成报表，以便用户针对性地对负荷和回路进行谐波的治理和改造，以减少设备损耗和用电损耗。

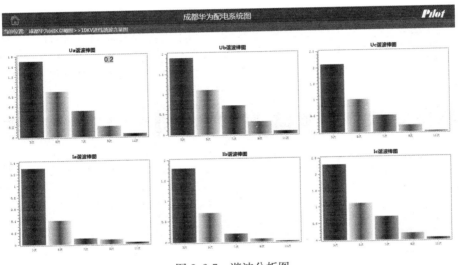

图2.2-7　谐波分析图

2.6　打印报表功能

系统提供打印报表功能，用于统计断路器分合闸状态、跳闸次数、设备运行时间、设备运行工况等。可根据用户需求生成各种运行报表（时报、班报、日报、月报等），可自动进行定时打印，召唤打印、事故打印（见图2.2-8）。

2.7　事故追忆

系统检测到预定义的事故时，自动记录事故时刻前后一段时间的所有实时稳态信息，以便事后进行查看、分析和反演，见图2.2-9。

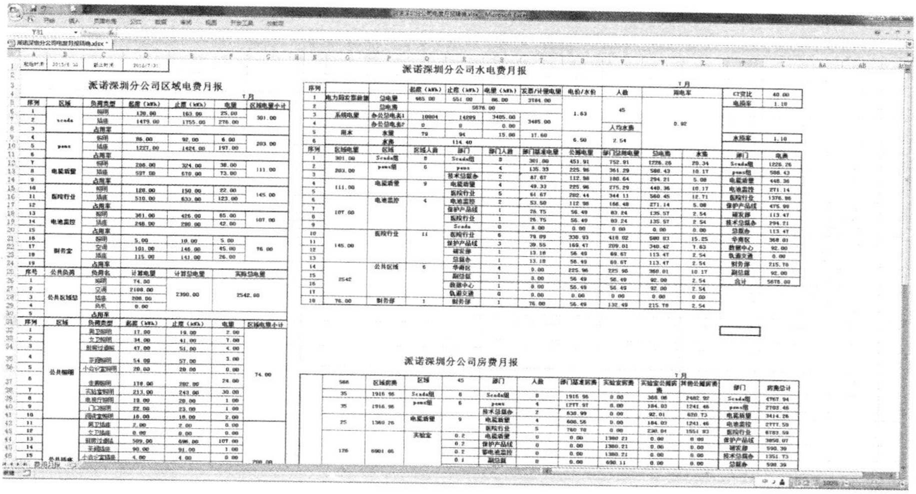

图 2.2-8　报表显示界面

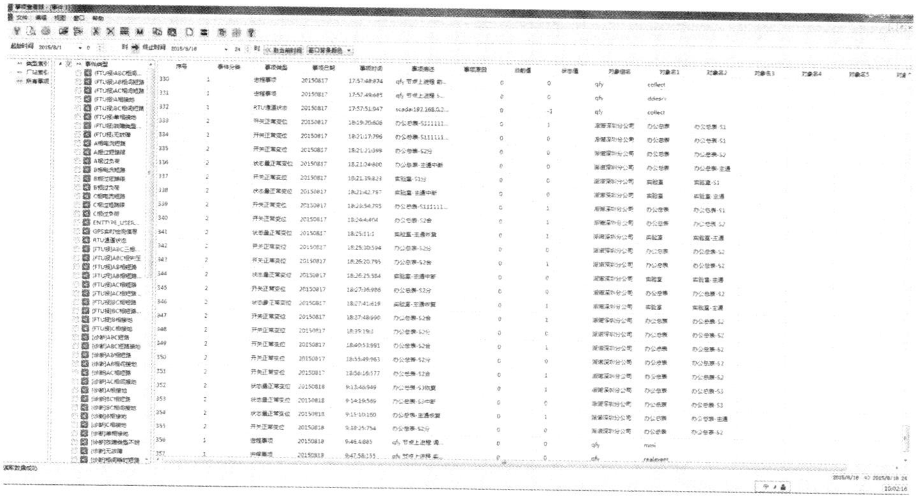

图 2.2-9　历史事项查询界面

第3章 通信网络的分类、传输介质及通信规约

3.1 通信网络的分类及网络结构

电能管理系统的主站层采用以太网或现场总线技术，而现场层主要采用现场总线技术，因此这里主要以太网和现场总线技术。

3.1.1 以太网的分类

以太网使用 CSMA/CD（载波监听多路访问及冲突检测技术）技术，是一种符合 IEEE802.3 协议标准的局域网络。其中常用的组网方式是快速以太网、千兆以太网、异步传输模式 ATM 网。这几种网络的传输性能如表 2.3-1 所示。

常用以太网的传输性能　　　　　　　　表 2.3-1

以太网类型		符合标准	传输介质	传输速率	传输距离
快速以太网	100BaseTX	IEEE802.3u	5 类及以上 UTP	100Mbps	100m
	100BaseFX		多模光纤 62.5/125μm 单模光纤 9/125μm		2km 3~5km
	100BaseT4		5 类及以上 UTP		100m
千兆以太网	1000BaseTX	IEEE802.3z	6 类及以上 UTP	1000Mbps	100m
	1000BaseSX		62.5μm 和 50μm 两种多模光纤		62.5μm 最长距离 275m，50μm 最长距离 550m
	1000BaseLX		多模光纤 62.5/125μm 单模光纤 9/125μm		550m 3~5km
异步传输模式 ATM 网		—		155~622Mbit/s	

快速以太网的 100BaseTX、100BaseFX、100BaseT4 三种类型满足网络的不同布线环境，以太网交换机端口上的 10/100Mbit/s 自适应技

术可保证该端口上 10Mbit/s 传输速率能够平滑地过渡到 100Mbit/s。其中 100BaseFX 适用于建筑物或建筑群、住宅小区等的局域网网络。

千兆以太网的 1000BaseTX、1000BaseSX、1000BaseLX 三种类型满足网络的不同布线环境，其中 1000BaseSX、1000BaseLX 可作为系统主干网。

ATM 网（异步传输模式）是一种基于心愿的传输和交换技术，可适用于局域网。

3.1.2　现场总线技术

现场总线是连接智能现场设备和自动化系统的数字式、双向传输、多分支结构的通信网络。现场总线控制系统有如下特点：

1. 现场总线使用多种通信介质，包括双绞线、同轴电缆、光纤和电源线等，将现场设备互连，数字信号传输抗干扰能力强、精度高。

2. 现场总线使用通信线供电方式，现场仪表直接从通信线上摄取能量，适用于有易燃、易爆物质通信场合。

3. 现场总线是开放式互联网络，既可与同类网络互连，也可与不同类型网络互连。

4. 支持多种网络拓扑结构，低速（小于 31.25kbps）现场总线支持点对点连接、总线型、星形连接。高度（大于 1Mbps，小于 2.5Mbps）现场总线仅支持总线型拓扑结构。

3.1.3　网络拓扑结构

由主站层至现场采集层之间的网络分为三种结构，即总线型、环形、星形网络拓扑结构。

1. 总线型　是最普遍的组网方式。由一根中心电缆组成网络的主干，各个节点与这条总线相连。数据沿总线传输，每一个节点可读取该地址的信息（见图 2.3-1）。

总线型网络所有节点都通过相应的网络接口连接到作为公共传输介质的总线上。每个节点都监视线路的工作状态。信息经所有节点检测后，由其指定地址的节点接收。

每个节点都可以收、发数据，但一段时间内只允许一个节点利用总线发送数据，其他节点可以接收数据。发生故障的节点停止通信但并不中断

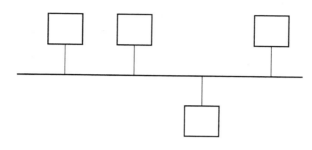

图 2.3-1　总线型网络拓扑结构

网络操作。

　　由于传输介质共享，同一时间内有两个以上节点发送信息，依靠信息冲突检测，控制通信流量。

　　2. 环形　用在可靠性较高的传输网络中（见图 2.3-2）。

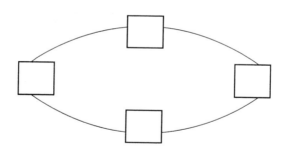

图 2.3-2　环形网络拓扑结构

　　环形网的节点之间依次连接，形成闭环。数据在环中依次沿一个方向逐点传送，每个节点接收信息时，检测信息的目的地址，如果该地址与节点的地址相符，节点就会接收此信息，否则重新生成此信息，向下一个节点传递。

　　环形网可以把故障节点旁路出去。环形网增加新节点比较困难。

　　3. 星形　利用交换机进行星形连接成总线型以太网，星形网所有节点都连接到中心机器（集线器、交换机），信息以中心机器内部的总线连接方式直接传送到节点（见图 2.3-3）。

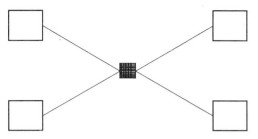

图 2.3-3　星形网络拓扑结构

3.2　通信网络的传输介质

电能管理系统中常用的网络传输介质是双绞线、光缆、RS 485 总线。

双绞线由两根具有绝缘保护层的铜导线组成。两根绝缘的铜导线按一定铰接密度互相绞在一起，可以抵消外界引起的感应电流，降低信号干扰。

双绞线可分为非屏蔽双绞线（UTP）和屏蔽双绞线（STP）。屏蔽双绞线内部包了一层皱纹状的屏蔽金属物质，并且多了一条接地用的金属铜丝线，因此它的抗干扰性比 UTP 双绞线强。

双绞线根据支持带宽不同，其分类如表 2.3-2 所示。

<table>
<tr><td colspan="4" align="center">双绞线的技术参数　　　　　　　　表 2.3-2</td></tr>
<tr><td align="center">名　　称</td><td align="center">类　型</td><td align="center">支持带宽(Hz)</td><td align="center">传输距离</td></tr>
<tr><td rowspan="6" align="center">双绞线
非屏蔽(UTP)
屏蔽(STP)</td><td align="center">3 类</td><td align="center">100k/1M/16M</td><td rowspan="6" align="center">100m</td></tr>
<tr><td align="center">5 类</td><td align="center">100M</td></tr>
<tr><td align="center">超 5 类</td><td align="center">155M</td></tr>
<tr><td align="center">6 类</td><td align="center">250M</td></tr>
<tr><td align="center">超 6 类</td><td align="center">500M</td></tr>
<tr><td align="center">7 类</td><td align="center">600M</td></tr>
</table>

光缆分为单模光纤和多模光纤，多模光纤使用发光二极管（LED）作为发光设备，而单模光纤使用的则是激光二极管（LD）。由于不同的光线进入光纤的角度不同，所以到达光纤末端的时间也不同，即色散。色散一定程度上限制了多模光纤所能实现的带宽和传输距离。

光缆根据支持带宽不同，其分类如表 2.3-3 所示。

光缆的技术参数   表 2.3-3

名　　称	类　　型	支持带宽（Hz）	传输距离
光纤	单模光纤 直径 9/125μm	速率达 1Gbps 以上	3～5km
	多模光纤 直径 62.5/125μm 或直径 50/125μm	速率达 1Gbps 以上	62.5μm 最长距离 275m， 50μm 最长距离 550m

3.3 通信规约

电能管理系统中的通信网络支持多种通信规约，主要有 IEC60870-5-101/103/104、DNP3.0、Modbus、DLT-645、SPABUS、SC1801、CDT 等三十余种。各厂家电力监控仪表，凡支持上述，可直接互相通信，方便与各种调度主站设备联网。

第4章　电力测量仪表的分类和主要功能

4.1　电力测量仪表的分类

4.1.1　按测量的电参量分类

电力测量仪表按测量电量的种类分为电流表、电压表、功率表、无功功率表、功率因数表、相位表、绝缘电阻表、频率表等单功能仪表、多功能仪表和直流表。多功能仪表除具备单功能仪表可测量的参数外，还可测量负荷的有功电能、无功电能、谐波电压和电流百分量、谐波畸变率等。直流表是针对直流屏、光伏供电等设计的，可测量直流系统中的电压、电流、功率、正向和反向电能。

4.1.2　按测量的相及接线方式分类

电力测量仪表按测量的相及接线方式可分为单相表和三相表。其中单相表适用于 AC220V 单相配电回路的电力参数检测及电能统计。三相表分为三相三线两元件表和三相四线三元件表，前者适用于三相配电中性点非有效接地系统的电能计量，后者适用于三相配电中性点有效接地系统的电能计量。

4.1.3　按电压等级分类

电力测量仪表按电压等级可分为高压仪表和低压仪表。高压仪表适用于 10kV 微机保护，如 10kV 变压器、线路、母联、10kV 电动机、10kV 电容器等设备的保护、测量与控制。低压仪表适用于 0.4kV 电力监控，如低压进线柜、出线柜、联络柜、补偿柜等线路电力参数测量。还可对区域配电箱的进出线计量。

电力测量仪表与被测量电路的接线通常分为直接接入式和经电流互感接入式两种。低压供电且负荷电流不超过 50A 时，可采用直接接入式仪表。负荷低压供电且电流超过 50A，宜采用电流互感器接入式的接线方式。

4.2　电力测量仪表的主要功能

4.2.1　高压电力仪表的主要功能及应用（见表 2.4-1）

高压电力仪表的主要功能及应用　　　　　　表 2.4-1

功　能	功能说明	应用场合		
		高压进线	高压馈线	母联保护
保护配置	速断保护	●	●	●
	过流保护	●	●	●
	带时限过流	●	●	●
	反时限过流	●	●	●
	过负荷	●	●	
	零序过流	●	●	
	低压保护	●	●	●
	重合闸			●
	过流加速			
	TV 断线	●	●	●
	控制回路断线监视	●	●	●
	弹簧储能监视	●	●	●
	非电量保护	●	●	●

续表

功　能	功能说明	应用场合		
		高压进线	高压馈线	母联保护
测量功能	电压、电流、频率、功率、电能	●	●	●
	谐波	●		●
模拟量输入		●	●	●
开关量输入		●	●	●
继电器输出		●	●	●
故障记录	故障录波记录	●		●
事件记录	保存事件记录 保护事件,遥信事件,装置操作事件	●	●	●
统计功能	统计设备运行总时间,当前合闸总时间,合闸次数	●	●	●
通信方式	1 路 RS 485 通信口,可选 Modbus 及 103 规约	●	●	●

注:"●"为标配功能。

4.2.2　低压电力仪表的主要功能及应用（见表 2.4-2）

低压电力仪表的主要功能及应用　　　　　表 2.4-2

功　能	功能说明	应用场合		
		低压进线	低压馈线	母联
测量功能	三相电压、三相电流、电网频率、功率因数、三相有功功率、三相无功功率、有功电能、无功电能、谐波	●	●	●
扩展功能 (RJ、R、A 选其一)	DI-开关量输入	●		●
	RJ-继电器报警输出			
	R-继电器输出			
	A-模拟量输出			
	RS 485/Modbus 通信	●	●	●
	谐波测量			
事件记录	保存事件记录	●	●	●

注:"●"为标配功能。

4.2.3　区域配电箱电能计量表的主要功能及应用（见表 2.4-3）

区域配电箱电能计量表的主要功能及应用　　　表 **2.4-3**

功　　能	功能说明	应用场合		
		单相回路	单相回路	三相回路
电流规格	5(30)、10(60)	●		
	1.5(6)、5(20) 10(40)、20(80)		●	●
额定电压	AC220V	●	●	●
	AC380V			●
接线方式	直接接入	●		●
	经互感器接入		●	●
电量测量	电流、电压	●	●	●
	有功、无功、视在功率			●
	功率因数、频率			●
	最大需量			○
电能计量	有功电能	●	●	●
	无功电能			
	复费率电能	○	○	○
费率时段	峰、平、谷	○	○	
	尖、峰、平、谷			○
	时段（八时段）	○	○	○
	时间、日期	○	○	○
通信	Modbus-RTU	○	○	○
	DL/T645	○	○	○
负载控制	预付费控制	○	○	○
	超负荷控制	○		

注："●"为标配功能，"○"为选配功能。选配最大需量的同时需选复费率电能功能。负载控制，用于具有预付费功能的单相、三相计量表。

第 5 章　电力测量仪表的测量原理和技术要求

5.1　电力测量仪表的测量原理

电力测量仪表基础型具有辅助电源模块、电压测量模块、电流测量模块、外部有源开关量模块、RS485-Modbus 通信模块、显示模块、按键操作和继电器输出模块。由这些模块构成的仪表芯片核心原理如图 2.5-1 所示。

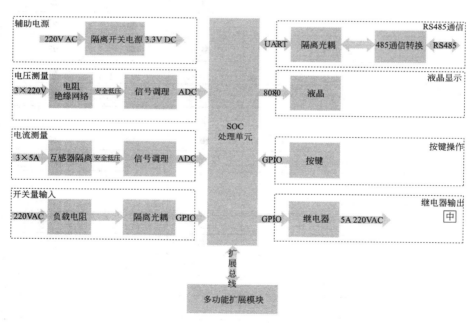

图 2.5-1　电力测量仪表的基础原理图

由图 2.5-1 可见，仪表的核心芯片可与多功能扩展模块连接，通过自有的扩展总线实现模块自动识别和配置。

以某仪表的扩展模块为例，支持一路 RS 485 通信模块、4 路外部有源开关量模块、4 路外部无源开关量模块、2 路继电器输出模块、2 路 4～

20mA 模拟量输出模块、2 路模拟量输入模块、2 路脉冲输出模块、64Mbit 大容量存储及以太网模块，共 8 种扩展模块。其原理如图 2.5-2 所示。

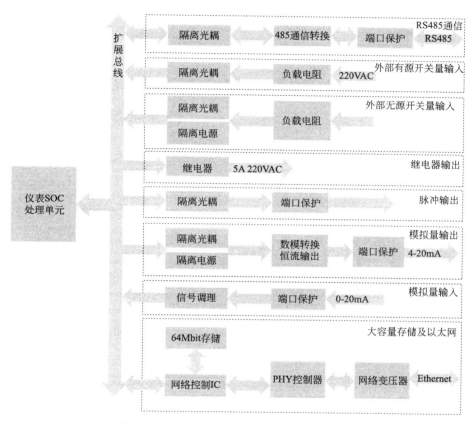

图 2.5-2　电力测量仪表的扩展模块原理图

注：扩展模型为自选功能。

5.2　电力测量仪表的性能要求

5.2.1　电力测量仪表的准确度要求

电力测量仪表的准确度等级可分为 0.01 级、0.02 级、0.05 级、0.1 级、0.2 级、0.5 级、1.0 级、2.0 级等。准确度等级的数字越小，等级越高。多功能仪表的每种功能可以有不同的等级指数。对同时具有直流和交流测量功能的仪表（如电流表和电压表），可有不同的等级指数（见表

2.5-1)。

电测量装置的准确度要求   表 2.5-1

电测量装置类型名称		准确度(级)
计算机监控系统的测量部分(交流采样)		误差不大于 0.2%,其中电网频率测量误差不大于 0.01Hz
常用电测量仪表、综合装置中的测量部分	指针式交流仪表	1.5
	指针式直流仪表	1.0(经变送器二次测量)
	指针式直流仪表	1.5
	数字式仪表	0.5
	记录性仪表	应满足测量对象的准确度要求

用于电测量装置的电流、电压互感器及附件、配件的准确度不应低于表 2.5-2 的规定。

电测量装置电流、电压互感器及附件、配件的准确度要求   表 2.5-2

电测量装置准确度(级)	附件、配件准确度(级)			
	电流、电压互感器	变送器	分流器	中间互感器
0.5	0.5	0.5	0.5	0.2
1.0	0.5	0.5	0.5	0.2
1.5	1.0	0.5	0.5	0.2
2.5	1.0	0.5	0.5	0.5

5.2.2 电压信号输入回路

间接接入法:标称电压 $100V\sqrt{3}$ 和 $100V$;过载能力:标称电压的 $\sqrt{3}$ 倍。

直接接入法:标称电压 $220V$ 和 $380V$;过载能力:标称电压的 $\sqrt{3}$ 倍。

波峰系数:$\geqslant 2$。

5.2.3 电流信号输入回路

间接接入法:标称电流 $1A$、$5A$;过载能力:1.2 倍标称电流连续,2 倍标称电流持续 1s;波峰系数:$\geqslant 3$。

5.2.4 输出接口

仪表可具有数据输出接口(例如变送输出、继电器输出等),制造厂应说明输出数据的技术参数和输出端的负载能力,如脉冲宽度、周期、复制、极性等。

5.2.5　功率消耗

在参比工作条件下，每一电压线路和电流线路的有功功率和视在功率消耗不应超过表2.5-3中的规定值。

电压线路、电流线路的消耗值　　　　　　表2.5-3

类型	自电源仪表		带辅助电源仪表	
	单功能仪表	多功能仪表	单功能仪表	多功能仪表
电压线路	2W 10VA	3W 15VA	2VA	2VA
电流线路	1VA	1VA	1VA	1VA
辅助电源	—	—	3W 15VA	5W 15VA

5.2.6　工作条件要求

按照温度和湿度的严酷程度，仪表可分为表2.5-4所示的两个级别。

使用组别　　　　　　表2.5-4

使用组别	温度的标称使用范围	相对湿度
Ⅰ	−10～45℃	不大于93%
Ⅱ	−25～55℃	

Ⅰ组仪表工作温度极限值：−25～+55℃；Ⅱ组仪表工作温度极限值：−40～+70℃。

5.2.7　绝缘电阻

监测设备各电气回路对地和各电气回路之间的绝缘电阻要求如表2.5-5所示。

各电气回路的绝缘电阻要求　　　　　　表2.5-5

额定电压(V)	绝缘电阻要求(MΩ)		测试电压(V)
	正常条件	湿热条件	
$U \leqslant 60$	≥5	≥1	250
$U > 60$	≥5	≥1	500

注：与二次设备及外部回路直接连接的接口回路采用$U>60$V要求。

5.2.8　冲击电压

电压峰值为 6kV，波形为标准的 $1.2/50\mu s$ 的脉冲，施加于监测设备电气回路对地之间，不应出现电弧、放电、击穿和损坏。

5.2.9　显示

应说明仪表各量程的有效显示位数和各量程的最大显示值，有极性的仪表应注明极性显示方式。多功能仪表显示器应显示所有测量值及有关存储的内容。多功能仪表应具有检验所有数字和字符完整性的自检功能。

5.2.10　通信接口

仪表可具有数据通信接口（例如 RS 485/RS 232 等通信方式），其技术要求和通信规约应符合有关标准的规定，例如 ModBus-RTU 等。

5.2.11　电磁兼容性试验

电快速瞬变脉冲群抗干扰度试验：监测设备处于正常工作状态，监测设备的供电电源端口和保护接地的试验电压峰值：2kV，信号输入输出端口、数据和控制端口试验电压峰值：1kV，重复频率 5kHz 的脉冲群，施加时间 10min 内等间隔地作用 3 次。试验中及试验后，系统应能正常工作。

静电放电抗干扰度试验：按照 GB/T 17626.3—2006 中规定，监测设备在正常工作条件，接触放电，在其外壳和工作人员经常可能触及的部位，试验电压：8kV，正负极性放电 10 次，每次放电间隔至少为 1s。试验中及试验后，系统应能正常工作。

浪涌（冲击）试验：监测设备处于正常工作状态，严酷等级：3；试验电压：2kV；波形：$1.2/50\mu s$；极性：正负；试验次数：正负极性各 5 次；重复率：每分钟最快 1 次。施加于供电电源端口之间、供电电源端口与地之间、信号输入回路之间、试验中及试验后，系统应能正常工作。

5.3　电力测量仪表的安装

仪表的产品尺寸分为外观尺寸和安装尺寸，外观尺寸是依据仪表的面框尺寸定义的，安装尺寸是依据仪表的壳体尺寸和开孔尺寸定义的。嵌入式安装仪表的参考尺寸如图 2.5-3 和表 2.5-6 所示。

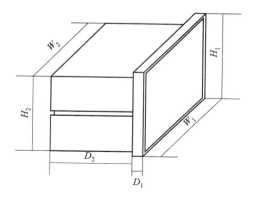 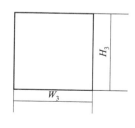

图 2.5-3 嵌入式安装仪表的参考尺寸

嵌入式安装仪表的尺寸 表 2.5-6

型号	面板尺寸(mm)			壳体尺寸(mm)			开孔尺寸(mm)	
	宽(W_1)	高(H_1)	深(D_1)	宽(W_2)	高(H_2)	深(D_2)	宽(W_3)	深(H_3)
48	48	48	18	44	44	100	45	45
72	75	75	18	66	66	98	67	67
80	84	84	18	75	75	98	76	76
96	96	96	18	86	86	92	88	88
42	120	120	18	106	106	92	108	108
96B	96	48	18	90	43	102/107	91	44

导轨式安装仪表的参考尺寸如图 2.5-4 和表 2.5-7 所示。

导轨式安装仪表的尺寸 表 2.5-7

型 号	面板尺寸(mm)		
	宽(W)	高(H)	深(D)
1	18	91	64
2	36	89	62
3	76	91	74
4	90	86	58
5	126	91	74

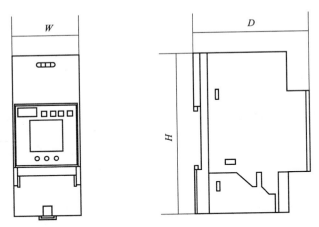

图 2.5-4　导轨式安装仪表的参考尺寸

导轨式安装仪表采用 35mm 标准导轨安装方式，如图 2.5-5 所示。

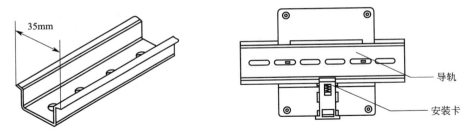

图 2.5-5　35mm 标准导轨安装

第3篇 电能管理系统产品标准摘录^①

第1章 《电能质量监测设备通用要求》GB/T 19862—2005 部分原文摘录

4 分类及构成

4.1 分类

4.1.1 按信号的接入方式分

4.1.1.1 直接接入式

直接将待测电压、电流信号接入监测设备，不需要中间设备。

4.1.1.2 间接接入式

待测电压、电流信号经传感器接入监测设备。

4.1.2 按使用方式分

4.1.2.1 便携式

根据需要，临时装设于现场。一般应便于携带、运输。

4.1.2.2 固定式

固定装设在监测现场，长期在线运行。一般无需进行操作，自动完成设定的监测、存取、传输等功能。

4.2 设备构成

便携式监测设备可根据需要，由自身完成全部功能；也可配套后台分析软件，完成诸如分析、存取、打印等功能；

固定式监测设备一般由在线监测设备（单元）、通信系统、后台系统组成。

---

① 本篇中变换字体部分均为摘录的相关标准规范的原文。

5 技术要求

5.1 基本功能要求

5.1.1 监测功能

监测设备的功能分为基本功能和可选功能，见表1。

表1 监测功能一览表

序 号	项 目	基本功能	可选功能
1	电压偏差	✓	
2	频率偏差	✓	
3	三相不平衡度、负序电流	✓	
4	谐波	✓	
5	闪变	✓	
6	电压波动		✓
7	电压暂降、暂升、短时中断		✓

具有表1中单项或几项监测功能的监测设备也均按照本标准执行。

5.1.2 显示功能

监测设备一般应具有对被监测相关电能质量参数的实时数据显示功能。

5.1.3 通信接口

在线监测设备应根据实际应用环境的通信要求，至少具备一种标准通信接口，实现监测数据的实时传输或定时提取，例如 RS 485/232、以太网接口等。

5.1.4 权限管理功能

监测设备宜具有权限管理功能。只有具有授权权限的操作人员方可对监测设备进行相应的参数设置与更改。

5.1.5 设置功能

监测设备应具有对诸如其时钟、系统基本数据的重新设置、更改、删除功能。

5.1.6 统计功能

监测设备应具有相应国家标准要求的统计功能。

5.1.7　记录存储功能

——电压偏差、频率偏差、三相不平衡度、谐波监测的一个基本记录周期为3s，其时间标签为该3s结束的时刻；

——固定式当地监测设备记录保存的时间间隔为3min，取该时间段的最大值连同该时间段结束的时刻构成一条完整的存储记录；具有实时数据上传功能的固定式监测设备在实时监测状态下记录上传时间间隔为3s；

——便携式当地监测设备记录保存的时间间隔为3s；

——短时闪变的一个记录周期为10min，长时闪变为2h；

——监测设备的存储记录应至少保存15d，之后可按先进先出的原则更新。

5.2　准确度要求

5.2.1　准确度计算公式（见表2）

表2　准确度计算公式

项　　目	准确度计算公式	说　　明
电压偏差/%	$\left\|\dfrac{u-u_N}{u_N}\right\|\times100$	u:实际测试值 u_N:给定值
频率偏差/Hz	$\left\|f-f_N\right\|$	f:实际测试值 f_N:给定值
三相电压不平衡度/%	$\left\|\dfrac{\varepsilon_u-\varepsilon_{uN}}{\varepsilon_{uN}}\right\|\times100$	ε_u:实际测试值 ε_{uN}:给定值
三相电流不平衡度/%	$\left\|\dfrac{\varepsilon_i-\varepsilon_{iN}}{\varepsilon_{iN}}\right\|\times100$	ε_i:实际测试值 ε_{iN}:给定值
谐波/%	$\left\|\dfrac{u(i)_h-u(i)_{hN}}{u(i)_{hN}}\right\|\times100$	$u(i)_h$:第h次谐波电压(电流)实际测试值 $u(i)_{hN}$:第h次谐波电压(电流)给定值
闪变/%	$\left\|\dfrac{p_{st}-p_{stN}}{p_{stN}}\right\|\times100$	p_{st}:短时闪变测试值 p_{stN}:短时闪变给定值
电压波动/%	$\left\|\dfrac{\delta_u-\delta_{uN}}{\delta_{uN}}\right\|\times100$	δ_u:测试值 δ_{uN}:给定值

5.2.2　准确度

监测设备各相应指标的准确度应满足下述要求：

——电压偏差：0.5%；

——频率偏差：0.01Hz；

——三相电压不平衡度：0.2%；

——三相电流不平衡度：1%；

——谐波：按 GB/T 14549—1993 规定分为 A 级、B 级，具体规定见表3；

——闪变：5%；

——电压波动：5%。

表3 谐波监测准确度等级

等　级	被　测　量	条　件	允　许　误　差
A	电压	$U_h \geqslant 1\%U_N$ $U_h < 1\%U_N$	$5\%U_h$ $0.05\%U_N$
	电流	$I_h \geqslant 3\%I_N$ $I_h < 3\%I_N$	$5\%I_h$ $0.15\%I_N$
B	电压	$U_h \geqslant 3\%U_N$ $U_h < 3\%U_N$	$5\%U_h$ $0.15\%U_N$
	电流	$I_h \geqslant 10\%I_N$ $I_h < 10\%I_N$	$\pm 5\%I_h$ $0.5\%I_N$

注：U_N 为标称电压，I_N 为标称电流，U_h 为谐波电压，I_h 为谐波电流。

5.3 电气性能要求

5.3.1 监测设备电源电压及允许偏差

交流标称电压：220V，容许变化范围±20%，50Hz±1Hz，谐波电压总畸变率不大于8%；

100V，容许变化范围±20%，50Hz±1Hz，谐波电压总畸变率不大于8%；

直流标称电压：220V，容许变化范围±20%；

100V，容许变化范围±20%。

5.3.2 电压信号输入回路

——范围：间接接入法：标称电压 $100V\sqrt{3}$ 和100V，过载能力：标称电压的 $\sqrt{3}$ 倍；

直接接入法：标称电压220V和380V，过载能力：标称电压的 $\sqrt{3}$ 倍。

——波峰系数：≥2。

5.3.3　电流信号输入回路

间接接入法：

——范围：标称电流 1A、5A；

——过载能力：1.2 倍标称电流连续，2 倍标称电流持续 1s；

——波峰系数：≥3。

16A 及以下直接接入法：应满足 GB 17625.1—2003 中 B.2 要求。

5.3.4　功率消耗

——通过 PT 二次回路供电的监测设备，电源消耗的有功功率不大于 5W（特殊情况与用户协商）；

——信号回路在标称输入电压电流参数下，回路（通道）消耗的视在功率应不大于 0.75VA/回路（通道）。

5.3.5　停电数据保持

长时间断电时，监测设备不应出现误读数，并应有数据保持措施，至少保持四个月以上；电源恢复时，数据应不丢失。

5.4　正常使用条件

——周围空气温度不超过 40℃；且在 24h 内测得的平均值不超过 35℃。

最低周围空气温度为 −10℃。

——湿度条件如下：

在 24h 内测得的相对湿度的平均值不超过 95%；

在 24h 内测得的水蒸气压力的平均值不超过 2.2kPa；

月相对湿度平均值不超过 90%；

月水蒸气压力平均值不超过 1.8kPa。

注：在这样的条件下偶尔会出现凝露。

5.6　安全性能

5.6.1　绝缘电阻

监测设备各电气回路对地和各电气回路之间的绝缘电阻要求如表 4 所示：

表4 绝缘电阻要求

额定电压/V	绝缘电阻要求/MΩ		测试电压/V
	正常条件	湿热条件	
$U \leqslant 60$	≥5	≥1	250
$U > 60$	≥5	≥1	500
注：与二次设备及外部回路直接连接的接口回路采用$U > 60$V要求。			

5.6.2 冲击电压

电压峰值为6kV，波形为标准的1.2/50μs的脉冲，施加于监测设备电气回路对地之间，不应出现电弧、放电、击穿和损坏。试验后，监测设备存储的数据应无变化，功能和准确度应仍符合5.1、5.2要求

5.6.3 绝缘强度

在监测设备电气回路对地之间及其各电气回路之间施加有效值如表5所示的50Hz正弦波电压1min，不应出现电弧、放电、击穿和损坏。试验后，监测设备存储的数据应无变化，功能和准确度应仍符合5.1、5.2要求。

表5 绝缘强度

额定电压/V	试验电压有效值/V	额定电压/V	试验电压有效值/V
$U \leqslant 60$	500	$125 < U \leqslant 250$	2000
$60 < U \leqslant 125$	1000	$250 < U \leqslant 400$	2500

5.7 电磁兼容性（EMC）

应满足本标准6.8试验要求。

6 试验方法

6.1 试验条件

6.1.1 试验气候环境条件

除非另有规定，试验应在下列环境条件下进行：

——温度：+15℃～+35℃；

——相对湿度：45%～75%；

——大气压力：86kPa～106kPa。

6.1.2　电源条件

——试验电源：频率为 50Hz，允许偏差±1Hz；

——电压：AC 220 V，允许偏差±5%。

6.8　电磁兼容性试验

6.8.1　电快速瞬变脉冲群抗干扰度试验

按照 GB/T 17626.4—1998 中规定，并在下述条件下进行：

——监测设备处于正常工作状态；

——监测设备的供电电源端口和保护接地的试验电压峰值：2kV；

——信号输入输出端口、数据和控制端口试验电压峰值：1kV；

——重复频率 5kHz 的脉冲群；

——施加时间 10min 内等间隔地作用 3 次。

试验中及试验后，系统应能正常工作。

6.8.2　辐射电磁场抗干扰性试验

按照 GB/T 17626.3—1998 中规定，并在下述条件下进行：

——频率范围：80MHz～1000MHz；

——试验场强：10V/m；

——监测设备处于正常工作状态。

试验中及试验后，系统应能正常工作。

6.8.3　静电放电抗干扰度试验

按照 GB/T 17626.2—1998 中规定，并在下述条件下进行：

——监测设备在正常工作条件；

——接触放电；

——在其外壳和工作人员经常可能触及的部位；

——试验电压：8kV；

——正负极性放电各 10 次，每次放电间隔至少为 1s。

试验中及试验后，系统应能正常工作。

6.8.4　浪涌（冲击）试验

按照 GB/T 17626.5—1998 中规定，并在下述条件下进行：

——监测设备处于正常工作状态；

——严酷等级 3；

——试验电压：2kV；

——波形：1.2/50μs；

——极性：正、负；

——试验次数：正负极性各 5 次；

——重复率：每分钟最快 1 次。

施加于供电电源端口之间、供电电源端口与地之间、信号输入回路之间；试验中及试验后，系统应能正常工作。

第 2 章 《电测量及电能计量装置设计技术规程》DL/T 5137—2001 部分原文摘录

5.1.5 仪表用电流、电压互感器及附件、配件的准确度最低要求见表 5.1.5。

表 5.1.5 仪表用电流、电压互感器及附件、配件的准确度最低要求

仪表准确度等级	准确度最低要求级			
	电流、电压互感器	变送器	分流器	中间互感器
0.5	0.5	0.5	0.5	0.2
1.0	0.5	0.5	0.5	0.2
1.5	1.0	0.5	0.5	0.2
2.5	1.0	0.5	0.5	0.5
注：0.5 级指数字式仪表的准确度等级。				

6 电能计量

6.1 一般规定

6.1.1 电能计量装置应满足发电、供电、用电的准确计量的要求，以作为考核电力系统技术经济指标和实现贸易结算的计量依据。

6.1.2 电能计量装置按其所计量对象的重要程度和计量电能的多少分为五类：

1　Ⅰ类电能计量装置：月平均用电量 5000MWh 及以上或变压器容量为 10MVA 及以上的高压计费用户、200MW 及以上发电机、发电/电动机、发电企业上网电量、电网经营企业之间的电量交换点、省级电网经营企业与其供电企业的供电关口计量点的电能计量装置。

2　Ⅱ类电能计量装置：月平均用电量 1000MWh 及以上或变压器容量为 2MVA 及以上的高压计费用户、100MW 及以上发电机、发电/电动机、供电企业之间的电量交换点的电能计量装置。

3　Ⅲ类电能计量装置：月平均用电量 100MWh 以上或负荷容量为 315kVA 及以上的计费用户、100MW 以下发电机的发电企业厂（站）用电量、供电企业内部用于承包考核的计量点、110kV 及以上电压等级的送电线路有功电量平衡的考核用、无功补偿装置的电能计量装置。

4　Ⅳ类电能计量装置：负荷容量为 315kVA 以下的计费用户、发供电企业内部经济技术指标分析、考核用的电能计量装置。

5　Ⅴ类电能计量装置：单相电力用户计费用的电能计量装置。

6.1.3　电能计量装置准确度最低要求见表 6.1.3。

表 6.1.3　电能计量装置准确度最低要求

电能计量装置类别	准确度最低要求级			
	有功电能表	无功电能表	电压互感器	电流互感器
Ⅰ	0.5S 或 0.5	2.0	0.2	0.2S 或 0.2
Ⅱ	0.5S 或 0.5	2.0	0.2	0.2S 或 0.2
Ⅲ	1.0	2.0	0.5	0.5S 或 0.5
Ⅳ	2.0	3.0	0.5	0.5S 或 0.5
Ⅴ	2.0	—	—	0.5S 或 0.5
注：0.2S 级、0.5S 级指特殊用途的电流互感器，适用于负荷电流小，变化范围大（1%～120%）的计量回路。				

6.1.4　电能计量装置应采用感应式或电子式电能表。为方便电能表试验和检修、电能表的电流、电压回路可装设电流、电压专用试验接线盒。

6.1.5　对执行峰谷电价或考核峰谷电量的计量点，应装设复费率电能表；对执行峰谷电价和功率因数调整的计量点，应装设相应的电能表；对按最大需量计收基本电费的计量点，应装设最大需量电能表。

6.1.6 对于双向送、受电的回路，应分别计量送、受的有功电能和无功电流，感应式电能表应带有逆止机构。

6.1.7 对有可能进相和滞相运行的回路，应分别计量进相、滞相的无功电能，感应式电能表应带有逆止机构。

6.1.8 中性点有效接地的电能计量装置应采用三相四线的有功、无功电能表。中性点非有效接地的电能计量装置应采用三相三线的有功、无功电能表。

6.1.9 为提高低负荷时的计量准确性，应选用过载 4 倍及以上的电能表。对经电流互感器接入的电能表，其标定电流宜不低于电流互感器额定二次电流的 30%（对 S 级为 20%），额定最大电流为额定二次电流的 120% 左右。

6.1.10 当发电厂和变电所装设有远动遥测、计算机监测（控）时，电能计量、计算机、远动遥测三者宜共用一套电能表。电能表应具有脉冲输出或数据输出，或者同时具有两种输出的功能。脉冲输出参数和数据通信口输出的物理特性及通信规约，应满足计算机和远动遥测的要求。

6.1.11 当电能计量电能表不能满足关口电能计量系统的要求时，应单独装设关口电能表，并设置专用的电能关口计量装置屏。

6.1.12 发电电能关口计量点和系统电能关口计量点当采用电子型电能表时，宜装设两套准确度等级相同的主、副电能表，且电压回路宜装设电压失压计时器。

6.2 有功、无功电能的计量

6.2.1 下列回路，应计量有功电能：

1 同步发电机和发电/电动机的定子回路。

2 主变压器：双绕组变压器的一侧和三绕组变压器（或自耦变压器）的三侧。

3 10kV 及以上的线路。

4 旁路断路器、母联（或分段）兼旁路断路器回路。

5 厂用、所用电变压器的一侧。

6 厂用、所用电源线路及厂外用电线路。

7 外接保安电源的进线回路。

8 需要进行技术经济考核的高压电动机回路。

9 按照电能计量管理要求，需要计量有功电量的其他回路。

6.2.2　下列回路，应计量无功电能：

　　1　同步发电机和发电/电动机的定子回路。

　　2　主变压器：双绕组变压器的一侧和三绕组变压器（或自耦变压器）的三侧。

　　3　10kV 及以上的线路。

　　4　旁路断路器、母联（或分段）兼旁路断路器回路。

　　5　330kV～500kV 并联电抗器。

　　6　按照电能计量管理要求，需要计量无功电量的其他回路。

第 3 章　《电磁兼容试验和测量技术　静电放电抗扰度试验》GB/T 17626.2—2006 部分原文摘录

5　试验等级

　　表 1 给出静电放电试验时，试验等级的优先选择范围。

　　试验还应满足表 1 中所列的较低等级。

　　有关可能影响对人体带电电压电平的各种参数的详细情况见附录 A 中的 A.2。A.4 还包括一些与环境安装等级有关的试验等级的实例。

　　接触放电是优先选择的试验方法，空气放电则用在不能使用接触放电的场合中。每种试验方法的电压列于表 1a 和表 1b 中，由于试验方法的差别，每种方法所示的电压是不同的。两种试验方法的严酷程度并不表示相等的。

　　附录 A 中 A.3、A.4 和 A.5 中提供了更详细的资料。

表 1　试验等级

1a 接触放电		1b 空气放电	
等级	试验电压/kV	等级	试验电压/kV
1	2	1	2
2	4	2	4
3	6	3	8

表1(续)

1a 接触放电		1b 空气放电	
等级	试验电压/kV	等级	试验电压/kV
4	8	4	15
×[1]	特殊	×[1]	特殊
1)"×"是开放等级,该等级必须在专用设备的规范中加以规定,如果规定了高于表格中的电压,则可能需要专用的试验设备。			

第4章 《电磁兼容试验和测量技术 电快速瞬变脉冲群抗扰度试验》GB/T 17626.4—2008 部分原文摘录

5 试验等级

表1中列出了对设备的电源、接地、信号和控制端口进行电快速瞬变试验时应优先采用的试验等级。

表1 试验等级

	开路输出试验电压和脉冲的重复频率			
等 级	在供电电源端口,保护接地(PE)		在 I/O(输入/输出)信号、数据和控制端口	
	电压峰值/kV	重复频率/kHz	电压峰值/kV	重复频率/kHz
1	0.5	5 或者 100	0.25	5 或者 100
2	1	5 或者 100	0.5	5 或者 100
3	2	5 或者 100	1	5 或者 100
4	4	5 或者 100	2	5 或者 100
×[a]	特定	特定	特定	特定
注1:传统上用 5kHz 的重复频率;然而,100kHz 更接近实际情况。专业标准化技术委员会应决定与特定的产品或者产品类型相关的那些频率。				
注2:对于某些产品,电源端口和 I/O 端口之间没有清晰的区别,在这种情况下,应由专业标准化技术委员会根据试验目的来确定如何进行。				
a "×"是一个开放等级,在专用设备技术规范中必须对这个级别加以规定。				

这些开路输出电压将显示在电快速瞬变脉冲群发生器上,有关试验等

级的选择，见附录 B。

第 5 章　《电磁兼容试验和测量技术　浪涌（冲击）抗扰度试验》GB/T 17626.5—2008部分原文摘录

5　试验等级

优先选择的试验等级范围如表 1 所示。

表 1　试验等级

等　级	开路试验电压(±10%) kV
1	0.5
2	1.0
3	2.0
4	4.0
X	特定
注："X"可以是高于、低于或在其他等级之间的任何等级。该等级可以在产品标准中规定。	

试验等级应根据安装情况来选择；安装类别在 B.3 中给出。

所有较低试验等级的电压也应得到满足（见 8.2）。

对不同界面的试验等级的选择见附录 A。

第 6 章　《电磁兼容试验和测量技术　射频电磁场辐射抗扰度试验》GB/T 17626.3—2006部分原文摘录

5　试验等级

5.1　一般试验等级

表 1 列出了优先选择的试验等级。

频率范围：80MHz～1000MHz。

表1　试验等级

等　级	试验场强/(V/m)
1	1
2	3
3	10
×	特定
注：×是一开放的等级，可在产品规范中规定。	

表1给出的是未调制信号的场强。作为试验设备，要用1kHz的正弦波对未调制信号进行80%的幅度调制来模拟实际情况（见图1），详细试验步骤见第8章。

注1： 有关专业标准化技术委员会可以在GB/T 17626.3和GB/T 17626.6之间选择比80MHz略高或略低的过渡频率（见附录H）。

注2： 有关专业标准化技术委员会可以选择其他调制方法。

注3： GB/T 17626.6也为电气或电子产品抗电磁辐射的抗扰度规定了试验方法，该标准涉及80MHz以下的频率。

5.2　保护（设备）抵抗数字无线电话射频辐射的试验等级

表2给出了频率范围为800MHz～960MHz以及1.4GHz～2.0GHz优先选择的试验等级。

表2　频率范围：800MHz～960MHz以及1.4GHz～2.0GHz

等　级	试验场强/(V/m)
1	1
2	3
3	10
4	30
×	特定
注：×是一开放的等级，可在产品规范中规定。	

测试场强烈给出的是未调制的载波信号。作为试验设备，要用1kHz的正弦波对载波信号进行80%的幅度调制来模拟实际情况（见图1），优选的详细试验步骤见第8章。

如果产品仅需符合有关方面的使用要求，则 1.4GHz～2.0GHz 频段的试验范围可缩小至仅满足我国规定的具体频段，此时应在试验报告中记录缩小的频率范围。

有关专业标准化技术委员会应对每个频率范围规定合适的试验等级。在表 1 和表 2 所述的频率范围内，仅需对其中较高的试验等级进行试验。

注1：附录 A 中含有关于决定使用正弦波调制的说明以及保护（设备）抵抗数字无线电话射频辐射的试验。

注2：附录 F 为选择试验等级的指南。

注3：表 2 的测量范围为分配给数字无线电话机使用的频带（附录 I 为本部分出版时分配给特殊数字无线电话机使用的频带列表）。

注4：800MHz 以上的干扰主要来自无线电话系统，对工作于该频段的其他系统，如工作在 2.4GHz 的无线局域网，其功率一般很小（通常小于 100mW），因而不大会出现明显问题。

第7章　《火力发电厂、变电所二次接线设计技术规程》DL/T 5136—2012 部分原文摘录

12　变电站和发电厂电力网络部分的计算机监控

12.1　基本要求和设置原则

12.1.1　发电厂电力网络计算机监控系统基本要求和设置原则应符合现行行业标准《火力发电厂电力网络计算机监控系统设计技术规定》DL/T 5226 的有关规定。

12.1.2　变电站计算机监控系统基本要求和设置原则应符合现行行业标准《220kV～500kV 变电所计算机监控系统设计技术规程》DL/T 5149 的有关规定。

12.1.3　220kV 及以上的线路、主变压器的继电保护和安全自动装置应采用专门的独立装置。110kV 及以下宜采用测控保护合一装置。

12.1.4 110kV 及以上断路器测控屏应保留后备手动操作手段。

12.2 基本功能

12.2.1 计算机监控系统应具有以下功能：

1 电力网络电气设备的安全监控。

2 数据采集和处理。

3 事件顺序记录。

4 远方集中和就地控制操作。

5 应能实现远动功能并满足电网调度实时性、安全性和可靠性的要求。

6 防误操作闭锁。

7 同步鉴定。

8 人机对话。

9 同步时钟对时。

10 电压无功自动控制功能。

12.3 监控范围

12.3.1 计算机监控范围应包括下列设备：

1 发电厂电力网络及变电站输电线、母线设备、330kV～750kV 并联电抗器。

2 变电站主变压器和联络变压器。

3 站用电系统。

4 变电站消防水泵的启动命令。

5 35(66)kV 及以下并联电容器、并联电抗器。

12.4 监测范围

12.4.1 计算机监测应符合现行国家标准《电力装置的电测量仪表装置设计规范》GB/T 50063 的有关规定，范围可包括下列内容：

1 包括本标准第 12.3.1 条所规定的项目。

2 直流系统及 UPS。

12.5 网络结构及间隔层布置

12.5.1 变电站和发电厂网络部分的计算机监控系统应采用开放式、分层分布式结构。应设站控层和间隔层。站控层设备宜集中设置，包括主机/

操作员站、工程师站、五防工作站、远动通信设备、公用接口设备等。

12.5.2 330kV 及以上变电站的间隔层设备在经济技术比较后宜根据继电器小室的布置情况分散布置。

12.6 数据采集

12.6.1 计算机监控系统应采集以下数据：

    1 开关量：监控、监测所涉及的全部开关量。

    2 模拟量：监控、监测所涉及的全部电气模拟量，应符合现行国家标准《电力装置的电测量仪表装置设计规范》GB/T 50063 的有关规定，还应包括变压器、电抗器的温度模拟量。

    3 脉冲量：应符合现行国家标准《电力装置的电测量仪表装置设计规范》GB/T 50063 的有关规定。电能计量也可采用数字通信输入方式。

    4 事件顺序记录（SOE）：监控范围内的断路器事故跳闸或继电保护动作的开关量。

12.6.2 推荐的数据采集量宜按照本标准附录 N 的内容确定。

12.7 实时画面

12.7.1 实时画面及实时参数显示宜包括下列内容：

    1 主接线画面及模拟量显示。

    2 站用电画面及模拟量显示。

    3 网络直流系统、UPS 画面及模拟量显示。

12.8 性能计算及报表管理

12.8.1 性能计算及报表管理应包括下列内容：

    1 监控和监测范围内的参量召唤显示和报警、打印。

    2 高压母线、变压器、线路主要参数、潮流分布、性能计算和曲线显示。

    3 电网管理必要的曲线显示和打印。

12.9 通信接口

12.9.1 计算机监控应包括以下与其他智能设备的接口：

    1 保护及信息管理子站的接口。

    2 电能量采集装置的接口。

    3 网络直流系统的接口。

4 网络 UPS 的接口。

5 各机组分散控制系统 DCS 的接口。

6 发电厂全厂（站）信息管理系统 SIS 的接口等。

第8章 《计算机软件测试规范》
GB/T 15532—2008 部分原文摘录

8 系统测试

8.1 测试对象和目的

8.1.1 测试对象

系统测试的对象是完整的、集成的计算机系统，重点是新开发的软件配置项的集合。

8.1.2 测试目的

系统测试的目的是在真实系统工作环境下检验完整的软件配置项能否和系统正确连接，并满足系统、子系统设计文档和软件开发合同规定的要求。

8.2 测试的组织和管理

系统测试按合同规定要求执行，或由软件的需方或由软件的开发方组织，由独立于软件开发的人员实施，软件开发人员配合。如果系统测试委托第三方实施，一般应委托国家认可的第三方测试机构。

应加强系统测试的配置管理，已通过测试的系统状态和各项参数应详细记录，归档保存，未经测试负责人允许，任何人无权改变。

系统测试应严格按照由小到大、由简到繁、从局部到整体的程序进行。

系统测试的人员配备见表 1。

软件系统测试的技术依据是用户需求（或系统需求或研制合同）。其测试工作的准入条件应满足 4.6.1a) 的要求及被测软件系统的所有配置项已通测试，对需要固化运行的软件还应提供固件。测试工作的准出条件应满足 4.6.1b）的要求。

8.3　技术要求

系统测试一般应符合以下技术要求：

a) 系统的每个特性应至少被一个正常测试用例和一个被认可的异常测试用例所覆盖；

b) 测试用例的输入应至少包括有效等价类值、无效等价类值和边界数据值；

c) 应逐项测试系统/子系统设计说明规定的系统的功能、性能等特性；

d) 应测试软件配置项之间及软件配置项与硬件之间的接口；

e) 应测试系统的输出及其格式；

f) 应测试运行条件在边界状态和异常状态下，或在人为设定的状态下，系统的功能和性能；

g) 应测试系统访问和数据安全性；

h) 应测试系统的全部存储量、输入/输出通道和处理时间的余量；

i) 应按系统或子系统设计文档的要求，对系统的功能、性能进行强度测试；

j) 应测试设计中用于提高系统安全性、可靠性的结构、算法、容错、冗余、中断处理等方案；

k) 对完整性级别高的系统，应对其进行安全性、可靠性分析，明确每一个危险状态和导致危险的可能原因，并对此进行针对性的测试；

l) 对有恢复或重置功能需求的系统，应测试其恢复或重置功能和平均恢复时间，并且对每一类导致恢复或重置的情况进行测试；

m) 对不同的实际问题应外加相应的专门测试。

对具体的系统，可根据软件测试合同（或项目计划）及系统的重要性、完整性级别等要求对上述内容进行裁剪。

8.4　测试内容

8.4.1　总则

本标准规定的测试内容主要依据 GB/T 16260.1 规定的质量特性来进行，有别于传统的测试内容，其对应关系参见附录 D。本标准针对系统测试的测试内容主要从：适合性、准确性、互操作性、安全保密性、成熟性、容错性、易恢复性、易理解性、易学性、易操作性、吸引性、时间特性、资源利用性、易分析性、易改变性、稳定性、易测试性、适应性、易安装性、共存性、易替换性和依从性等方面（有选择的）来考虑。

对具体的系统，可根据测试合同（或项目计划）及系统/子系统设计文档的要求对本标准给出的内容进行裁剪。

8.4.2 功能性

8.4.2.1 适合性方面

从适合性方面考虑，应测试系统/子系统设计文档规定的系统的每一项功能。

8.4.2.2 准确性方面

从准确性方面考虑，可对系统中具有准确性要求的功能和精度要求的项（如数据处理精度、时间控制精度、时间测量精度）进行测试。

8.4.2.3 互操作性方面

从互操作性方面考虑，可测试系统/子系统设计文档、接口需求规格说明文档和接口设计文档规定的系统与外部设备的接口、与其他系统的接口。测试其格式和内容，包括数据交换的数据格式和内容；测试接口之间的协调性；测试软件对系统每一个真实接口的正确性；测试软件系统从接口接收和发送数据的能力；测试数据的约定、协议的一致性；测试软件系统对外围设备接口特性的适应性。

8.4.2.4 安全保密性方面

从安全保密性方面，可测试系统及其数据访问的可控制性。

测试系统防止非法操作的模式，包括防止非授权的创建、删除或修改程序或信息，必要时做强化异常操作的测试。

测试系统防止数据被讹误和被破坏的能力。

测试系统的加密和解密功能。

8.4.3 可靠性

8.4.3.1 成熟性方面

在成熟性方面，可基于系统运行剖面设计测试用例，根据实际使用的概率分布随机选择输入，运行系统，测试系统满足需求的程度并获取失效数据，其中包括对重要输入变量值的覆盖、对相关输入变量可能组合的覆盖、对设计输入空间与实际输入空间之间区域的覆盖、对各种使用功能的覆盖、对使用环境的覆盖。应在有代表性的使用环境中以及可能影响系统运行方式的环境中运行软件，验证系统的可靠性需求是否正确实现。对一些特殊的系统，如容错软件、实时嵌入式软件等，由于在一般的使用环境下常常很难在软件中植入差错，应考虑多种测试环境。

测试系统的平均无故障时间。

选择可靠性增长模型（推荐模型参见附录B)，通过检测到的失效数和故障数，对系统的可靠性进行预测。

8.4.3.2 容错性方面

从容错性方面考虑，可测试：

a）系统对中断发生的反应；

b）系统在边界条件下的反应；

c）系统的功能、性能的降级情况；

d）系统的各种误操作模式；

e）系统的各种故障模式（如数据超范围、死锁）；

f）测试在多机系统出现故障需要切换时系统的功能和性能的连续平稳性。

注：可用故障树分析技术检测误操作模式和故障模式。

8.4.3.3 易恢复性方面

从易恢复性方面考虑，可测试：

a）具有自动修复功能的系统的自动修复的时间；

b）系统在特定的时间范围内的平均宕机时间；

c）系统在特定的时间范围内的平均恢复时间；

d）系统的可重启动并继续提供服务的能力；

e）系统的还原功能的还原能力。

8.4.4 易用性

8.4.4.1 易理解性方面

从易理解性方面考虑，可测试：

a）系统的各项功能，确认它们是否容易被识别和被理解；

b）要求具有演示能力的功能，确认演示是否容易被访问、演示是否充分和有效；

c）界面的输入和输出，确认输入和输出的格式和含义是否容易被理解。

8.4.4.2 易学性方面

从易学性方面考虑，可测试系统的在线帮助，确认在线帮助是否容易定位，是否有效；还可对照用户手册或操作手册执行系统，测试用户文档的有效性。

8.4.4.3 易操作性方面

从易操作性方面考虑，可测试：

a）输入数据，确认系统是否对输入数据进行有效性检查；

b）要求具有中断执行的功能，确认它们能否在动作完成之前被取消；

c）要求具有还原能力（数据库的事务回滚能力）的功能，确认它们能否在动作完成之后被撤销；

d）包含参数设置的功能，确认参数是否易于选择、是否有缺省值；

e）要求具有解释的消息，确认它们是否明确；

f）要求具有界面提示能力的界面元素，确认它们是否有效；

g）要求具有容错能力的功能和操作，确认系统能否提示出错的风险、能否容易纠正错误的输入、能否从差错中恢复：

h）要求具有定制能力的功能和操作，确认定制能力的有效性；

i）要求具有运行状态监控能力的功能，确认它们的有效性。

注：以正确操作、误操作模式、非常规操作模式和快速操作为框架设计测试用例，误操作模式有错误的数据类型作参数、错误的输入数据序列、错误的操作序列等。如有用户手册或操作手册，可对照手册逐条进行测试。

8.4.4.4 吸引性方面

从吸引性方面考虑，可测试系统的人机交互界面能否定制。

8.4.5 效率

8.4.5.1 时间特性方面

从时间特性方面考虑，可测试系统的响应时间、平均响应时间、响应极限时间，系统的吞吐量、平均吞吐量、极限吞吐量，系统的周转时间、平均周转时间、周转时间极限。

注 1：响应时间指系统为完成一项规定任务所需的时间；平均响应时间指系统执行若干并行任务所需的平均时间；响应极限时间指在最大负载条件下，系统完成某项任务需要时间的极限；吞吐量指在给定的时间周期内系统能成功完成的任务数量；平均吞吐量指在一个单位时间内系统能处理并发任务的平均数；极限吞吐量指在最大负载条件下，在给定的时间周期内，系统能处理的最多并发任务数；周转时间指从发出一条指令开始到一组相关的任务完成的时间；平均周转时间指在一个特定的负载条件下，对一些并发任务，从发出请求到任务完成所需要的平均时间；周转时间极限指在最大负载条件下，系统完成一项任务所需要时间的极限。

在测试时，应标识和定义适合于软件应用的任务，并对多项任务进行测试，而不是仅测一项任务。

注 2：软件应用任务的例子，如在通信应用中的切换、数据包发送，在控制应用中的事件控制，在公共用户应用中由用户调用的功能产生的一个数据的输出等。

8.4.5.2　资源利用性方面

从资源利用性方面考虑，可测试系统的输入/输出设备、内存和传输资源的利用情况：

a）执行大量的并发任务，测试输入/输出设备的利用时间；

b）在使输入/输出负载达到最大的系统条件下，运行系统，测试输入/输出负载极限；

c）并发执行大量的任务，测试用户等待输入/输出设备操作完成需要的时间；

注：建议调查几次测试与运行实例中的最大时间与时间分布。

d）在规定的负载下和在规定的时间范围内运行系统，测试内存的利用情况；

e）在最大负载下运行系统，测试内存的利用情况；

f）并发执行规定的数个任务，测试系统的传输能力；

g）在系统负载最大的条件下和在规定的时间周期内，测试传输资源的利用情况；

h）在系统传输负载最大的条件下，测试不同介质同步完成其任务的时间周期。

8.4.6 维护性

8.4.6.1 易分析性方面

从易分析性方面考虑，可设计各种情况的测试用例运行系统，并监测系统运行状态数据，检查这些数据是否容易获得、内容是否充分。如果软件具有诊断功能，应测试该功能。

8.4.6.2 易改变性方面

从易改变性方面考虑，可测试能否通过参数来改变系统。

8.4.6.3 稳定性方面

本标准暂不推荐软件稳定性方面的测试内容。

8.4.6.4 易测试性方面

从易测试性方面考虑，可测试软件内置的测试功能，确认它们是否完整和有效。

8.4.7 可移植性

8.4.7.1 适应性方面

从适应性方面考虑，可测试：

a）软件对诸如数据文件、数据块或数据库等数据结构的适应能力；

b）软件对硬件设备和网络设施等硬件环境的适应能力；

c）软件对系统软件或并行的应用软件等软件环境的适应能力；

d）软件是否易于移植。

8.4.7.2 易安装性方面

从易安装性方面考虑，可测试软件安装的工作量、安装的可定制性、安装设计的完备性、安装操作的简易性、是否容易重新安装。

注1：安装设计的完备性可分为三级：

a）最好：设计了安装程序，并编写了安装指南文档；

b）好：仅编写了安装指南文档；

c）差：无安装程序和安装指南文档。

注2：安装操作的简易性可分为四级：

a）非常容易：只需启动安装功能并观察安装过程；

b）容易：只需回答安装功能中提出的问题；

c）不容易：需要从表或填充框中看参数；

d）复杂：需要从文件中寻找参数，改变或写它们。

8.4.7.3 共存性方面

从共存性方面考虑，可测试软件与其他软件共同运行的情况。

8.4.7.4 易替换性方面

当替换整个不同的软件系统和用同一软件系列的高版本替换低版本时，在易替换性方面，可考虑测试：

a）软件能否继续使用被其替代的软件使用过的数据；

b）软件是否具有被其替代的软件中的类似功能。

8.4.8 依从性方面

当软件在功能性、可靠性、易用性、效率、维护性和可移植性方面遵循了相关的标准、约定、风格指南或法规时，应酌情进行测试。

9 验收测试

9.1 测试对象和目的

9.1.1 测试对象

验收测试是以需方为主的测试，其对象是完整的、集成的计算机系统。

9.1.2 测试目的

验收测试的目的是在真实的用户（或称系统）工作环境下检验完整的软件系统，是否满足软件开发技术合同（或软件需求规格说明）规定的要求。其结论是软件的需方确定是否接收该软件的主要依据。

9.2 测试的组织和管理

验收测试应由软件的需方组织，由独立于软件开发的人员实施。如果验收测试委托第二方实施，一般应委托国家认可的第三方测试机构。

应加强验收测试的配置管理，已通过测试的验收状态和各项参数应详细记录，归档保存，未经测试负责人允许，任何人无权改变。

验收测试的人员配备见表1。

软件验收测试的技术依据是软件研制合同（或用户需求或系统需求）。其测试工作的准入条件应满足4.6.1a）的要求及被验收测试的软件已通过软件系统测试。测试工作的准出条件应满足4.6.1b）的要求。

9.3 技术要求

验收测试的技术要求类同系统测试，具体要求见8.3。

9.4 测试内容

本标准从 GB/T 16260.1 定义的软件质量子特性角度出发，确定验收测试的测试内容。即从适合性、准确性、互操作性、安全保密性、成熟性、容错性、易恢复性、易理解性、易学性、易操作性、吸引性、时间特性、资源利用性、易分析性、易改变性、稳定性、易测试性、适应性、易安装性、共存性、易替换性和依从性方面进行选择，确定测试内容。具体内容见8.4。

对具体的软件系统，可根据验收测试合同（或项目计划）的要求对本标准给出的内容进行裁剪。

第9章 《电气装置安装工程盘、柜及二次回路接线施工及验收规范》GB 50171—2012 部分原文摘录

5 盘、柜上的电器安装

5.0.1 盘、柜上的电器安装应符合下列规定：

1 电器元件质量应良好，型号、规格应符合设计要求，外观应完好，附件应齐全，排列应整齐，固定应牢固，密封应良好。

2 电器单独拆、装、更换不应影响其他电器及导线束的固定。

3 发热元件宜安装在散热良好的地方，两个发热元件之间的连线应采用耐热导线。

4 熔断器的规格、断路器的参数应符合设计及级配要求。

5 压板应接触良好，相邻压板间应有足够的安全距离，切换时不应碰及相邻的压板。

6 信号回路的声、光、电信号等应正确，工作应可靠。

7 带有照明的盘、柜，照明应完好。

5.0.2 端子排的安装应符合下列规定：

1 端子排应无损坏，固定应牢固，绝缘应良好。

2 端子应有序号，端子排应便于更换且接线方便；离底面高度宜大于 350mm。

3 回路电压超过 380V 的端子板应有足够的绝缘，并应涂以红色标识。

4 交、直流端子应分段布置。

5 强、弱电端子应分开布置，当有困难时，应有明显标识，并应设空端子隔开或设置绝缘的隔板。

6 正、负电源之间以及经常带电的正电源与合闸或跳闸回路之间，宜以空端子或绝缘隔板隔开。

7 电流回路应经过试验端子，其他需断开的回路宜经特殊端子或试验端子。试验端子应接触良好。

8 潮湿环境宜采用防潮端子。

9 接线端子应与导线截面匹配，不得使用小端子配大截面导线。

5.0.3 二次回路的连接件均应采用铜质制品，绝缘件应采用自熄性阻燃材料。

5.0.4 盘、柜的正面及背面各电器、端子排等应标明编号、名称、用途及操作位置，且字迹应清晰、工整，不易脱色。

5.0.5 盘、柜上的小母线应采用直径不小于 6mm 的铜棒或铜管，铜棒或铜管应加装绝缘套。小母线两侧应有标明代号或名称的绝缘标识牌，标识牌的字迹应清晰、工整，不易脱色。

5.0.6 二次回路的电气间隙和爬电距离应符合现行国家标准《低压成套开关设备和控制设备　第 1 部分：型式试验和部分型式试验　成套设备》GB 7251.1 的有关规定。屏顶上小母线不同相或不同极的裸露载流部分之间，以及裸露载流部分与未经绝缘的金属体之间，其电气间隙不得小于 12mm，爬电距离不得少于 20mm。

5.0.7 盘、柜内带电母线应有防止触及的隔离防护装置。

6　二次回路接线

6.0.1 二次回路接线应符合下列规定：

1 应按有效图纸施工，接线应正确。

2 导线与电气元件间应采用螺栓连接、插接、焊接或压接等，且均应牢固可靠。

3 盘、柜内的导线不应有接头，芯线应无损伤。

4 多股导线与端子、设备连接应压终端附件。

5 电缆芯线和所配导线的端部均应标明其回路编号，编号应正确，字迹应清晰，不易脱色。

6 配线应整齐、清晰、美观，导线绝缘应良好。

7 每个接线端子的每侧接线宜为1根，不得超过2根；对于插接式端子，不同截面的两根导线不得接在同一端子中；螺栓连接端子接两根导线时，中间应加平垫片。

6.0.2 盘、柜内电流回路配线应采用截面不小于 $2.5mm^2$、标称电压不低于 450V/750V 的铜芯绝缘导线，其他回路截面不应小于 $1.5mm^2$；电子元件回路、弱电回路采用锡焊连接时，在满足载流量和电压降及有足够机械强度的情况下，可采用不小于 $0.5mm^2$ 截面的绝缘导线。

6.0.3 导线用于连接门上的电器、控制台板等可动部位时，尚应符合下列规定：

1 应采用多股软导线，敷设长度应有适当裕度。

2 线束应有外套塑料缠绕管保护。

3 与电器连接时，端部应压接终端附件。

4 在可动部位两端应固定牢固。

6.0.4 引入盘、柜内的电缆及其芯线应符合下列规定：

1 电缆、导线不应有中间接头，必要时，接头应接触良好、牢固，不承受机械拉力，并应保证原有的绝缘水平；屏蔽电缆应保证其原有的屏蔽电气连接作用。

2 电缆应排列整齐、编号清晰、避免交叉、固定牢固，不得使所接的端子承受机械应力。

3 铠装电缆进入盘、柜后，应将钢带切断，切断处应扎紧，钢带应在盘、柜侧一点接地。

4 屏蔽电缆的屏蔽层应接地良好。

5 橡胶绝缘芯线应外套绝缘管保护。

6 盘、柜内的电缆芯线接线应牢固、排列整齐，并应留有适当裕度；备用芯线应引至盘、柜顶部或线槽末端，并应标明备用标识，芯线导体不得外露。

7 强、弱电回路不应使用同一根电缆，线芯应分别成束排列。

8 电缆芯线及绝缘不应有损伤；单股芯线不应因弯曲半径过小而损坏线芯及绝缘。单股芯线弯圈接线时，其弯线方向应与螺栓紧固方向一致；多股软线与端子连接时，应压接相应规格的终端附件。

6.0.5 在油污环境中的二次回路应采用耐油的绝缘导线，在日光直射环境中的橡胶或塑料绝缘导线应采取防护措施。

第 10 章 《计算机场地安全要求》 GB/T 9361—2011 部分原文摘录

5 场地

5.1 选址

5.1.1 计算机场地位置：

a）避开发生火灾危险程度高的区域；

b）避开产生粉尘、油烟、有害气体源以及存放腐蚀、易燃、易爆物品的地方；

c）避开低洼、潮湿、落雷、重盐害区域和地震频繁的地方；

d）避开强振动源和强噪音源；

e）避开强电磁场的干扰；

f）避免设在建筑物的高层或地下室，以及用水设备的下层或隔壁；

g）远离核辐射源。

5.1.2 A 级场地应按照 5.1.1 各项执行。

5.1.3 B 级场地宜按照 5.1.1 各项执行。

5.1.4 C 级场地参照 5.1.1 各项执行。

5.1.5 5.1.1 各项如无法满足，需采取相应的措施。

5.2 场地抗震

5.2.1 A级计算机场地抗震设防标准应符合或高于当地抗震设防标准。

5.2.2 B级、C级计算机场地抗震设防标准应符合当地抗震设防标准。

5.3 场地楼板荷重

5.3.1 场地楼板荷重应符合表2的规定。

表2 场地楼板荷重　　　　单位为千牛每平方米

项目	级别		
	A级	B级	C级
计算机机房	10	8	6
不间断电源室	16	12	8

5.3.2 依据设备的重量机安置密度计算机场地楼板荷重可按某一级执行，也可按某些级综合执行。

注：综合执行是指计算机场地楼板荷重可按某些级执行，如某计算机场地楼板荷重可选：计算机机房可选A级，不间断电源室可选C级。

6 防火

6.1 机房的防火应符合GB 50016或GB 50045的有关规定。

6.2 对于A级计算机机房：

a) 当机房作为独立建筑物时，建筑物的耐火等级应不低于该建筑物所对应的设计防火规范中规定的二级耐火等级。

b) 当机房位于其他建筑物内时，其机房与其他部位之间必需设置耐火极限不低于2h的隔墙或隔离物，隔墙上的门应采用符合GB 50016规定的甲级防火门。

6.3 B级机房参照A级各条执行。

7 内部装修

7.1 A级、B级机房

7.1.1 装修材料

应使用符合GB 50222规定的难燃材料和非燃材料，应能防潮、吸音、不起尘、抗静电等。

7.1.2　活动地板

7.1.2.1　活动地板应是难燃材料或非燃材料。

7.1.2.2　活动地板应有稳定的抗静电性能和承载能力，同时耐油、耐腐蚀、柔光、不起尘等。具体要求应符合 SJ/T 10796 的规定。

7.1.2.3　活动地板提供的各种进出线口应光滑，防止损伤电线、电缆。

7.1.2.4　活动地板下的建筑地面应平整、光洁、防潮、防尘。

7.1.3　地毯

机房不宜使用地毯。

7.2　C 级机房

C 级机房参照 7.1 执行。

8　供配电系统

8.1　计算机场地应设专用可靠的供电线路。

8.2　计算机场地的电源设备应提供稳定可靠的电源。

8.3　供电电源设备的容量应具有一定的余量。

8.4　计算机系统独立配电时，宜采用干式变压器，采用油浸式变压器应选硅油型。变压器与机房的距离不得小于 8m。

8.5　发电机与机房的距离不得小于 12m，并且发电机排出的油烟不得影响空调机组的正常运行。

8.6　计算机场地宜采用固定型密闭式免维护蓄电池。

8.7　计算机系统的供电电源参数应符合 GB/T 2887 的规定。

8.8　从电源室到计算机电源系统的电缆不应对计算机系统的正常运行构成干扰。

8.9　计算机机房的诸种地接地的接法应符合计算机设备的要求。计算机设备没有明确要求时，诸地应采用联合接地。

8.10　供配电系统的回路开关、插座以及电缆两端应有标识。

8.11　无关的管路和电气线路不宜穿过机房。

9　空气调节系统

9.1　A 级、B 级机房

9.1.1　空调系统应满足计算机系统及其保障设备长期正常运行的需要。

9.1.2 当计算机机房位于其他建筑物内时，宜采用独立的空调系统。如与其他系统共用时，应保证空调效果和采取防火措施。

9.1.3 空调系统在冷量和风量上应有一定的余量。

9.1.4 空调设备的安放应与计算机设备的散热要求相适应。

9.1.5 空调设备的安放位置应便于安装与维修。

9.1.6 空调的送、回风管道及风口应采用难燃材料或非燃材料。

9.1.7 新风系统应安装空气过滤器，新风设备主体部分应采用难燃材料或非燃材料，穿越防火分区处的风管上应设置防火阀并与消防控制系统联动。

9.1.8 采用空调设备时，应设置漏水报警系统。

9.1.9 不间断电源室和蓄电池室宜设置空调系统。

9.2 C级机房

C级机房参照9.1执行。

10 安全

10.1 防水

10.1.1 A级机房、低压配电室、不间断电源室、蓄电池室区域设备上方不应穿过水管。

10.1.2 B、C级机房、低压配电室、不间断电源室、蓄电池室区域设备上方不宜穿过水管。

10.1.3 与机房无关的水管不宜从机房内穿过。

10.1.4 位于用水设备下层的机房，应在顶部采取防水措施，并设漏水检查装置。

10.1.5 漏水隐患区域地面周围应设排水沟和地漏。

10.1.6 机房内的给、排水管道应有可靠的防渗漏和防凝露措施。

10.1.7 A、B级机房应在漏水隐患处设置漏水检测报警系统。

10.1.8 当采用吊顶上布置空调风口时，风口位置不宜设置在设备正上方。

10.1.9 A、B级机房计算机电气设备和线路采用活动地板下布线时，线路不得紧贴地面敷设。

10.2 防静电

10.2.1 机房的安全接地应符合 GB/T 2887 中的规定。

注：接地是最基本的防静电措施。

10.2.2 机房的相对湿度应符合 GB/T 2887 中的规定。

10.2.3 在易产生静电的地方，可采用静电消除剂和静电消除器。

10.10 防电磁干扰

10.10.1 机房电磁场干扰场强应满足 GB/T 2887 的要求。

10.10.2 当机房的电磁场干扰强度超过要求时，应采取屏蔽措施，具体要求应符合 GB/T 2887 的规定。

10.13 集中监控系统

10.13.1 A 级机房应设置集中监控系统，对系统设备的运行状态和报警状态进行监视和记录。

10.13.2 机房专用空调、电源设备、配电系统、漏水检测系统、通用布缆管理系统、机房内环境温、湿度等状态宜纳入集中监控系统。

10.13.3 集中监控系统应具有本地和远程报警功能。

第 11 章 《多功能电能表》
DL/T 614—2007 部分原文摘录

4 多功能电能表的分类及配置

4.1 按准确度等级分类

多功能电能表按准确度等级可分为 0.2S、0.5S、1、2 四个等级。

4.2 按用途分类

多功能电能表按用途可分为关口多功能电能表、高压多功能电能表和低压多功能电能表三种。

4.2.1 关口多功能电能表

关口多功能电能表用于跨区域电网联络线枢纽变电站，上网发电厂，省间电网联络线变电站，省、地、市间关口，有自备电源并签订上网协议的大客户。这类用户的特点是：有功正反向、无功四象限，功率潮流变化大，负荷动态范围宽，信息采集频率高、数据传输量大，多费率分时计量和功率因数考核功能。

4.2.2 高压多功能电能表

高压多功能电能表一般用于在高压侧计量的大客户。这类用户的特点是：单向受电（无反向功率），用电量大，可能产生谐波和冲击负荷，需要最大需量、分时计量和功率因数考核以及能够提供较丰富的信息和U、I、W等模拟量输出，是负荷管理的主要对象。

4.2.3 低压多功能电能表

低压多功能电能表一般用于在低压侧计量的工业用户。此类用户工况比较简单，一般具有最大需量、分时计量、功率因数考核和简单的信息及模拟量输出。

4.3 按接入方式分类

电能表按接入方式可分为经互感器接入式和直接接入式两种类型。

4.3.1 经互感器接入式电能表配置要求

a）经互感器接入式静止式电能表宜选过载2倍及以上的电能表。

b）经互感器接入式静止式电能表（过载倍数在2以下的表计）在$2I_N$（I_N为电能表的额定电流）条件下，其误差不得大于该表计的基本误差限。

4.3.2 直接接入式电能表配置要求

a）直接接入式静止式电能表宜选过载10倍及以上的电能表。

b）直接接入式静止式电能表（过载倍数在10以下的表计）在$10I_b$（I_b电能表的基本电流）条件下，其误差不得大于该表计基本误差限的2倍。

5 技术要求

5.1 环境条件

5.1.1 参比温度及参比湿度

参比温度为23℃，参比湿度为40%～60%。

5.1.2 温湿度范围

温度范围见表1，相对湿度见表2。

表1　温度范围

安装方式	户内式 ℃	户外式 ℃
规定的工作范围	−10～45	−25～55
极限工作范围	−25～55	−40～70
储存和运输极限范围	−25～70	−40～70

表2　相对湿度

年平均	<75%
30天(这些天以自然方式分布在一年中)	95%
在其他天偶然出现	85%

5.2　电气基本要求

5.2.1　参比频率

参比频率为50Hz（或60Hz）。

5.2.2　参比电压

参比电压见表3。

表3　参比电压

接入线路方式	参比电压 V
直接接入	220,3×220/380,3×380
经电压互感器接入	3×57.7/100,3×100

在没有辅助电源的条件下，三相三线断一相、三相四线断两相时，电能表能正常工作。

5.2.3　基本、额定电流

基本、额定电流值见表4。

表4　基本、额定电流

接入线路方式	基本、额定电流推荐值 A
直接接入	5,10,15,20
经电流互感器接入	0.3,1,1.5,5

电能表在确定的工作电流内运行时，误差特性应满足等级指数的

要求。

5.2.4 脉冲常数

电能表的脉冲常数由式（1）和式（2）决定并取百位整数。

直接接入式电能表：

$$C=(1\sim2)\times10^7/(mU_nI_{max}t) \tag{1}$$

经互感器接入式电能表：

$$C=(2\sim3)\times10^7/(mU_nI_{max}t) \tag{2}$$

式中：

C——电能表常数，imp/kWh；

m——测量单元数；

U_n——参比电压，V；

I_{max}——最大电流，A；

t——时间间隔，为 1h。

5.2.5 电池

电能表电池采用环保产品，电池容量不小于 1Ah。电能表应安装时钟电池及抄表电池，其中时钟电池断电后可维持电能表的时钟连续运行 3 年以上，使用寿命不小于 10 年，抄表电池使用寿命不小于 3 年且便于更换及维护。

5.3 一般技术要求

满足 GB/T 17215.211—2006 的规定。

5.4 特殊技术要求

5.4.1 准确度要求

1 级、2 级静止式有功电能表应符合 IEC 62053—21：2003 的规定；0.2S 级、0.5S 级静止式有功电能表应符合 IEC 62053—22：2003 的规定；2 级静止式无功电能表应符合 IEC 62053—23：2003 的规定。1 级静止式电能表的误差还应满足表 5、表 6 的要求。

表 5 1 级静止式电能表基本误差限（单相和三相平衡负载）

电流值	功率因数	百分数误差极限
$0.01I_b\leqslant I<0.05I_b$	1	±1.5
$0.05I_b\leqslant I\leqslant I_{max}$	1	±1.0

表5(续)

电流值	功率因数	百分数误差极限
$0.02I_b \leqslant I < 0.1I_b$	0.5L 0.8C	±1.5 ±1.5
$0.1I_b \leqslant I \leqslant I_{max}$	0.5L 0.8C	±1.0 ±1.0
用户特殊要求时 $0.1I_b \leqslant I \leqslant I_{max}$	0.25L 0.5C	±3.5 ±2.5

表6　1级静止式电能表基本误差限（带有单相负载的三相仪表）

电流值	功率因数	百分数误差极限
$0.05I_b \leqslant I \leqslant I_{max}$	1	±1.2
$0.1I_b \leqslant I \leqslant I_{max}$	0.5L	±2.0

为了保证测试数据的稳定性，每一个测量点的误差测试时间不得少于10s。

5.4.2　功率消耗

5.4.2.1　在参比温度、参比频率和三相电压等于额定值的条件下，电能表每一电压线路的有功功率和视在功率消耗不应超过表7的限定值。

表7　功耗限定值

等级			辅助电源
0.2S、0.5S	1	2	—
1.5W,6VA(内部连接电源)	1.5W,6VA	1.5W,6VA	—
0.5VA(外部连接电源)	—	—	10VA

对于具备远方通信功能的电能表，在通信状态下，电压线路附加的功率消耗不应超过8W。

5.4.2.2　在基本电流、参比温度和参比频率下，电能表基本电流小于10A时每一电流线路的视在功率消耗不应超过0.2VA，电能表基本电流大于或等于10A时每一电流线路的视在功率消耗不应超过0.4VA。

5.4.3 验收的误差要求

验收时按等级误差限要求的70％考核验收。

5.4.4 误差一致性

同一批次数只被试样品在同一测试点的测试误差与平均值间的偏差不能超过表8的限定值。

表8 误差一致性限值 （％）

电流	功率因数	0.2S级	0.5S级	1级	2级
I_b	1.0	±0.06	±0.15	±0.3	±0.6
	0.5L				
$0.1I_b$	1.0	±0.08	±0.20	±0.4	±0.8

5.4.5 误差变差要求

对同一被试样品相同的测试点，进行重复测试，相邻测试结果间的最大误差变化的绝对值不应超过表9的限定值。

表9 误差变差限值 （％）

电流	功率因数	0.2S级	0.5S级	1级	2级
I_b	1.0	0.04	0.1	0.2	0.4
	0.5L				

5.4.6 负载电流升降变差

电能表基本误差按照负载电流从小到大、然后从大到小的顺序进行两次测试，记录负载点误差；同一只被试样品在相同负载点处的误差变化的绝对值不应超过表10规定的限值。

表10 负荷电流升降变差限值 （％）

电流	功率因数	0.2S级	0.5S级	1级	2级
$0.01I_b{\leqslant}I{\leqslant}I_{max}$	1.0	0.05	0.12	0.25	0.5

5.5 功能要求

各类电能表应具备的基本功能参见表11。

表 11　各类电能表应具备的基本功能

序号	类型	功能	电能表类型		
			关口多功能	高压多功能	低压多功能
1	计量以及结算日转存	正向总有功电能	•	•	•
2		反向总有功电能	•	•	•
3		正向各费率有功电能	•	•	•
4		反向各费率有功电能	•	•	•
5		正向分相有功电能		•	•
6		四象限无功电能	•		
7		Ⅰ、Ⅳ象限无功电能		•	•
8		正向有功最大需量	•	•	•
9		正向有功各费率最大需量	•	•	
10		反向有功最大需量	•		
11		反向有功各费率最大需量	•		
12	瞬间冻结或约定冻结或定时冻结	当前正向总有功电能	•	•	•
13		当前正向各费率有功电能	•	•	•
14		当前反向总有功电能	•		
15		当前反向各费率有功电能	•		
16		当前四象限无功电能	•		
17		当前Ⅰ、Ⅳ象限无功电能		•	•
18		当前正向有功最大需量		•	
19		当前总有功功率	•	•	•
20		当前分相有功功率		•	
21		当前日历、时间	•	•	•
22	清零	需量清零	•	•	•
23		电能表清零	•	•	•
24	输出	LED脉冲	•	•	•
25		电量脉冲	•	•	•
26		时钟信号	•	•	•
27	时间	日历、计时和闰年切换	•	•	•
28		两套费率、时段转换	•	•	•
29		广播对时	•	•	

序号	类型	功能	电能表类型		
			关口多功能	高压多功能	低压多功能
30	事件记录	正向总有功电能单位时间增量	•	•	
31		反向总有功电能单位时间增量	•		
32		四象限无功电能单位时间增量	•		
33		Ⅰ、Ⅳ象限无功电能单位时间增量		•	
34		失压(A、B、C)事件	•	•	•
35		断相(A、B、C)事件		•	•
36		失流(A、B、C)事件		•	•
37		需量超限事件		•	•
38		清零事件	•	•	•
39		编程事件	•	•	•
40		校时事件	•	•	
41		电压逆相序	•	•	•
42	显示	自动循环显示	•	•	•
43		按键循环显示	•	•	
44		自检显示	•	•	
45	通信	RS 485 接口	•	•	•
46		RS 485/RS 232 接口	•	•	
47		红外接口	•	•	•
48	测量	分相电压	•	•	
49		分相电流	•	•	
50		总有功功率(指示正、负方向)	•	•	
51		分相有功功率(指示正、负方向)		•	
52	其他	编程	•	•	•
53		加密	•	•	
54		辅助电源	•		
55	负荷记录	有功负荷记录	•	•	•
56		无功负荷记录	•	•	

"•"表示电能表具备的功能。

5.5.1　基本功能类型

5.5.1.1　电能计量

计量多时段的单向或双向有功电能、单向或四象限无功电能，并存储其数据。

5.5.1.2　需量测量

a) 在指定的时间间隔内（一般为一个月），测量单向或双向最大需量、分时段最大需量及其出现的日期和时间，并存储带时标的数据。

b) 需量周期可在 5，10，15，30，60min 中选择；滑差式需量周期的滑差时间可以在 1，2，3，5min 中选择。需量周期应为滑差时间的 5 的整倍数。

c) 最大需量值应能手动（或抄表器）清零，需量手动清零应有防止非授权人操作的措施。

d) 电能表应具备检测需量周期的输出信号。

e) 总的最大需量测量应连续进行，各费率时段的最大需量测量应在各时段内有一个完整的测量周期。

f) 当发生电压线路上电、清零、时钟调整、时段转换等情况时，电能表应从当前时刻开始，按照需量周期进行需量测量，当第一个需量周期完成后，按滑差间隔开始最大需量记录。在一个不完整的需量周期内，不做最大需量的记录。

5.5.1.3　日历、费率和时段

a) 具有日历、闰年、计时、时令制、季节、节假日自动转换功能。日历和时间的设置必须有防止非授权人操作的安全措施。

b) 具有两套可以任意编程的费率和时段，并可在设定的时间点启用另一套费率。

5.5.1.4　清零

永久清除电能表内存中存储的电量、需量等数据的操作。电能表清零操作必须作为事件永久记录，所有清零指令必须有防止非授权人操作的安全措施，如设置硬件编程开关、操作密码或封印管理以及保留清零前数据等。

5.5.1.5　测量数据存储功能

a）至少能存储前 12 个月或前 12 个（结算）抄表周期的总电能和各费率的电能数据，数据转存分界时间为每月最后一日的 24 时（月初零时）或在每月 1～28 日内的任意时刻。

b）存储单向或双向最大需量、各费率最大需量及其出现的日期和时间数据。至少能存储前 12 个月或前 12 个抄表（结算）周期的数据，数据转存分界时间为每月最后一日的 24 时（月初零时）或在每月 1～28 日内的任意时刻。转存的同时，当月的最大需量值应自动复零。对非指定的表日，抄表时最大需量值不转存，最大需量也不复零。

c）仪表电源失电后，所有存储的数据保存时间至少为 10 年。

5.5.1.6　冻结

a）定时冻结：按照指定的时间冻结电能量数据，每个冻结量至少保存 12 次。

b）瞬时冻结：在非正常情况下，冻结当前的所有电量数据、日历和时间以及重要的测量数据。瞬时冻结量保存最后 3 次数据。

c）约定冻结：在新老两种费率或时段转换，或电力公司认为有特殊要求时，冻结转换时刻的电量以及其他重要数据；保存最后 2 次冻结数据。

5.5.1.7　事件记录

a）记录线路失压、断相、失流事件发生、恢复的时刻，以及事件发生时刻的各相电压、电流、功率、功率因数和总电量等信息；记录全失压时刻的电流、失压时刻、恢复时刻。

b）永久记录电能表清零事件的电量信息。

c）至少记录 12 个月中最大需量清零的总次数，最近 10 次清零的时刻、操作者代码。

d）至少记录 12 个月中编程总次数，最近 10 次编程的时刻、操作者代码。

e）至少记录 12 个月中校时总次数，最近 10 次校时的时刻、操作者代码。

f）在三相全失压和辅助电源失电后，程序不混乱、所有数据都不应该丢失，且保存时间应不小于 180 天。电压恢复后，各项工作正常。

g）电压（流）逆相序提示功能；记录发生最近 10 次事件的发生时刻、恢复时刻。

5.5.1.8　通信

至少具有一个红外接口，一个 RS 485 接口，关口多功能电能表建议配置两个独立的 RS 485 接口。电能表通过接口可以与手持终端、数据采集器、检测设备、计算机等进行数据传输、编程、管理。通信规约应符合 DL/T 645。

5.5.1.9　脉冲输出

电能表应具备与所耗电能成正比的 LED 脉冲和电量脉冲输出功能。

光测试输出装置的特性应符合 GB/T 17215.211 的要求。电测试输出装置的特性应符合 GB/T15284 的要求。电能表应具备时钟信号输出端子。

5.5.1.10　显示

a）具备自动循环显示、按键循环显示（推荐使用双键）、自检显示。循环显示内容可设置，每屏显示内容可由各电力公司定义。

b）测量值显示位数不少于 8 位，小数位可以设置；显示应采用国际单位制，如 kM、kvar、kWh、kvarh、V、A 等。

c）能显示各种费率的电能量、需量、电能方向；显示数据清晰可辨。

d）显示自检报警代码；报警代码应在循环显示第一项显示。报警代码至少包括下列事件：

1）时钟电池电压不足；

2）电能方向改变。

e）显示自检出错代码。出错故障一旦发生，显示器必须立即停留在该代码上。出错代码至少包括下列故障：

1）时钟电池使用时间的极限；

2）内部程序错误；

3）时钟错误；

4）存储器故障或损坏。

f）需要时应能显示电能表内的预置参数。

g）能选择显示电能计量数据、最大需量数据、冻结量、记录事件等内容。

h）具有失电后唤醒显示功能。

5.5.1.11 测量

能监测当前电能表的线（相）电压、电流、功率、功率因数等运行参数。

测量误差（引用误差）：不超过±1%（2级表为±2%）。

5.5.1.12 失压、断相

发生任意相失压、断相，电能表都能记录和发出正确提示信息。

电能表的失压功能应满足 DL/T 566 的技术要求。

5.5.2 扩展功能

a）计量视在电能，建议的计算方法参见附录 B。

b）谐波电压、电流的监测。

c）计算铁损、铜损。

d）辅助电源失电记录。

e）光纤、蓝牙、无线等通信方式。

5.6 结构要求

a）电能表显示器的数字、字符尺寸不小于 4mm×4mm，在正常使用条件下，寿命大于 10 年。

b）具有定脉宽（80ms±20ms）输出信号的光隔离无源脉冲输出端子。

c）采用高亮度、长寿命 LED 作工作运行指示。

d）表内所有元器件均应防锈蚀、防氧化，紧固点牢靠。

e）有源输出部分的供电电源与表计其他工作电源有效隔离。

f）具有可封印的编程开关。

g）具有多功能输出端子，可以独立或通过设置输出相关信息（时钟、需量周期、校表脉冲等）。

h）至少配置两个显示键、功能键。

5.7 软件要求

a）电能表厂家应提供操作应用软件，并可通过红外接口或 RS 485 等接口将电能表内部记录的信息下载到数据载体中。

b）涉及计量准确性的设置要明确提供资料说明，并经过试验验证其稳定可靠。

c) 电能表内软件和操作应用软件必须成熟、完整，电能表内软件出厂后不允许远程及现场升级更改；操作应用软件应满足用户要求。

d) 软件要有良好的向下兼容性。

e) 操作应用软件应具有权限和密码保护，采用分级密码体系，并记录操作人员、内容、时间，备份被改写的内容。

5.8　通信接口要求

a) 通信物理层必须独立，一种通信信道的损坏不得影响另一信道的运行。

b) 通信波特率要求参照 DL/T 645。

c) 各个通信口的速率相互独立，可以不同，但各个通信口的通信地址相同，单只电能表计有唯一的通信地址。

d) RS 485 通信接口必须和电能表内部电路电气隔离，有失效保护电路。

e) 通信规约要满足 DL/T 645 的要求，通过检测机构的一致性测试。

f) 通信接口必须通过电气性能、抗干扰以及加载模拟通信试验。

5.9　可靠性要求

a) 电能表的设计、元器件选用以及生产制造工艺应保证电能表的平均无故障工作时间不小于 10 年。

b) 订购的电能表应由有资质的检测机构出具在有效期内的型式试验报告和可靠性检测报告。

c) 有资质的检测机构在进行型式试验时，应对电能表制造企业提供的主要元器件明细表进行备案、技术审查和核对。

第 12 章　《交流电测量设备　特殊要求第 22 部分:静止式有功电能表(0. 2S 级和0. 5S 级)》GB/T 17215. 322—2008部分原文摘录

5　机械要求

GB/T 17215. 211—2006 中规定的要求适用于本部分。

6 气候条件

GB/T 17215.211—2006 中规定的条件适用于本部分。

7 电气要求

除了 GB/T 17215.211 中规定的电气要求外，仪表还应满足下列要求。

7.1 功率消耗

电压电路和电流电路的功率消耗应在 8.5 条给定的参比条件下以任意合适的方法确定。功耗测量的最大综合误差不超过 5%。

在参比温度和参比频率下，每一电压线路在参比电压下和每一电流线路在额定电流下的有功功率和视在功率消耗不应超过表 1 的规定值。

表 1　功率消耗（包括电源）

	带电源的电压线路	不带电源的电压线路
电压线路	2W、10VA	0.5VA
电流线路	1VA	1VA
辅助电源	—	10VA
注 1：为了匹配仪表的电压电流互感器,不论负荷是感性或容性的,制造厂应予注明。 注 2：以上数值是平均值,开关电源的峰值允许超过上述值,但应确保仪表所连接的电压互感器有足够的负荷能力。 注 3：多功能仪表的功耗要求见 IEC 62053-61。		

7.2 短时过电流影响

短时过电流不应损坏仪表，当回到初始工作条件时，仪表应能正常工作，且在额定电流和功率因数 1.0 时的误差改变量不超过 0.05%。

试验线路应近似无感，多相仪表应逐相进行试验。

在端子上保持电压下施行短时过电流以后，在各电压线路通电条件下应使仪表恢复到初始温度（约 1h）。

仪表应能经受相当于 $20I_{max}$，允差为 +0%～-10% 的电流，施加时间为 0.5s。

7.3 自热影响

由自热引起的误差改变量不应超过表 2 给出的值。

表2　自热引起的改变量

电流值	功率因数	各等级仪表以百分数误差表示的改变量极限	
		0.2S	0.5S
I_{max}	1	0.1	0.2
	0.5L	0.1	0.2

　　应该这样进行试验：电流线路无电流，电压线路上施加参比电压至少2h后，在电流线路中施加最大电流。在功率因数为1.0时，施加电流后应立刻测量仪表误差，接着以足够短的间隔时间准确地画出作为时间函数的误差变化曲线。此项试验至少应进行1h，无论如何，要到20min内误差变化不大于0.05%时为止。

　　功率因数为0.5L时重复上述试验。

　　给仪表通电的电缆长度为1m，截面积在1.5mm² 和2.5mm² 之间。

7.4　交流电压试验

　　交流电压试验应按照表3进行。

　　试验电压应近似正弦波，频率在45Hz和65Hz之间，施加1min。电源容量至少应为500VA。

　　在对地电压试验中，参比电压等于或低于40V的辅助线路应接地。

　　所有试验均应在盖上表壳和端子盖情况下进行试验。

　　试验中不应发生飞弧、火花放电或击穿现象。

表3　交流电压试验

试验	施加于	试验电压 (有效值)	试验电压施加点
A	Ⅰ类防护仪表	2kV	a)所有的电流线路和电压线路以及参比电压超过40V的辅助线路连接在一起为一点,另一点是地,试验电压施加于该两点间
		2kV	b)在工作中不连接的各线路之间
B	Ⅱ类防护仪表	4kV	a)所有的电流线路和电压线路以及参比电压超过40V的辅助线路连接在一起为一点,另一点是地,试验电压施加于该两点间
		2kV	b)在工作中不连接的各线路之间
		—	c)目视检验是否遵从 GB/T 17215.211—2006 的5.7 的条件

第13章 《交流电测量设备　特殊要求　第23部分:静止式无功电能表(2级和3级)》GB/T 17215.323—2088 部分原文摘录

5　机械要求

GB/T 17215.211—2006 的要求适用于本部分。

6　气候条件

GB/T 17215.211—2006 的要求适用于本部分。

7　电气要求

除了满足 GB/T 17215.211 中的电气要求,仪表还应满足下列要求。

7.1　功率消耗

电压电路和电流电路的功率消耗应在 8.5 给定的参比条件下以任意合适的方法确定。功耗测量的最大综合误差不超过 5%。

7.1.1　电压线路

在参比电压、参比温度和参比频率下,仪表每一电压线路的有功功率和视在功率消耗不应超过表 1 规定值。

表 1　单相和多相仪表在电压线路（包括电源）的功率消耗

仪表	带电源的电压线路	不带电源的电压线路
电压线路	2W 和 10VA	0.5VA
辅助电源	—	10VA
注 1：为了匹配仪表的电压互感器,不论负荷为感性还是容性,仪表制造商应当注明（仅适用于经互感器接入的仪表）。 注 2：上述数值是平均值。开关电源的峰值允许超过上述值,但应确保同所接电压互感器额定值匹配。 注 3：多功能仪表,见 IEC 62053—61：1998。		

7.1.2　电流线路

直接接入的仪表，每一电流线路在基本电流、参比频率和参比温度下的视在功率不应超过表2规定值。

经电流互感器接入的仪表，每一电流线路在参比温度和参比频率下电流值等于电流互感器二次额定电流的视在功率不应超过表2规定值。

表2　电流线路的功率消耗

仪表	仪表等级	
	2	3
单相和多相	5.0VA	5.0VA
注1：额定二次电流是电流互感器的二次电流值，即确定互感器性能的电流值，最大二次电流的标准值是额定二次电流的120%、150%和200%。		
注2：为了匹配仪表的电流互感器，不论负荷是感性或容性的，制造厂应予注明（仅适用于经互感器接入的仪表）。		

7.2　短时过电流影响

短时过电流不应损坏仪表。当回到初始工作条件时，仪表应能正确工作，其误差改变量不应超过表3规定值。

a）直接接入仪表

仪表应能经受 $30I_{max}$，允差为 +0%～-10% 的短时过电流，施加时间为额定频率的半个周期。

b）经电流互感器接入的仪表

仪表应能经受相当于 $20I_{max}$，允差为 +0%～-10% 的电流，施加时间为 0.5s。

注：本要求不适用于在电流电路中有触点的仪表，此情况参见相关标准。

表3　由短时过电流引起的改变量

仪表	电流值	$\sin\phi$（感性或容性）	各等级仪表以百分数误差表示的改变量极限	
			2	3
直接接入	I_b	1	1.5	1.5
经电流互感器接入	I_n	1	1.0	1.5

7.3　自热影响试验

由自热引起的误差改变量不应超过表4给出的值。

应如下进行试验：电流线路无电流，电压线路接参比电压至少 1h（对于 2 级和 3 级仪表）后，在电流线路中应施加最大电流。在 $\sin\phi$ 为 1 时，施加电流后立刻测量仪表误差，接着以足够短的间隔时间准确地画出作为时间函数的误差变化曲线。此项试验至少应进行 1h，直至在 20min 内误差变化不大于 0.2% 时为止。

$\sin\phi$ 为 0.5（感性或容性）时重复上述试验。

给仪表通电的电缆长度为 1m，横截面积应保证电流密度在 3.2A/$\text{mm}^2 \sim 4\text{A}/\text{mm}^2$ 之间。

表 4　自热引起的改变量

电流值	$\sin\phi$（感性或容性）	各等级仪表以百分数误差表示的改变量极限	
		2	3
I_{max}	1	1.0	1.5
	0.5	1.5	2.0

7.4　交流电压试验

交流电压试验应按照表 5 进行。

试验电压应近似正弦波，频率在 45Hz 和 65Hz 之间，施加 1min。电源容量至少应为 500VA。

在对地电压试验中，参比电压等于或低于 40V 的辅助线路应接地。

所有试验均应在外壳闭合，表盖和端钮盖在原位的情况下。

试验中不应发生闪络、火花放电或击穿现象。

表 5　交流电压试验

试验	施加于	试验电压（均方根）	试验电压施加点
A	Ⅰ类防护仪表	2kV	a)所有的电流线路和电压线路以及参比电压超过 40V 的辅助线路连接在一起为一点，另一点是地，试验电压施加于该两点间
		2kV	b)在工作中不连接的各线路之间
B	Ⅱ类防护仪表	4kV	a)所有的电流线路和电压线路以及参比电压超过 40V 的辅助线路连接在一起为一点，另一点是地，试验电压施加于该两点间
		2kV	b)在工作中不连接的各线路之间
		—	c)目视检验遵从 GB/T 17215.211—2006 中 5.7 的情况

第 14 章　《交流电测量设备　特殊要求 第 21 部分:静止式有功电能表(1 级和 2 级)》 GB/T 17215.321—2008 部分原文摘录

7　电气要求

除了 GB/T 17215.211—2006 中的电气要求外，仪表还应满足下列要求。

7.1　功率消耗

电压电路和电流电路的功率消耗应在 8.5 给定的参比条件下以任意合适的方法确定。功耗测量的最大综合误差不超过 5%。

7.1.1　电压线路

在参比电压、参比温度和参比频率下，仪表每一电压线路的有功功率和视在功率消耗不应超过表 1 规定值。

表 1　单相和多相仪表在电压线路（包括电源）的功率消耗

仪表	带电源的电压线路	不带电源的电压线路
电压线路	2W 和 10VA	0.5VA
辅助电源	—	10VA
注 1:为了匹配仪表的电压互感器,不论负荷是感性或容性的,制造厂应予注明(仅对经互感器接入的仪表)。		
注 2:以上数值是平均值,开关电源时的峰值允许超过上述值,但应确保仪表所连接的电压互感器有足够的负荷能力。		
注 3:多功能仪表功耗要求参见 IEC 62053-61:1998。		

7.1.2　电流线路

直接接入的仪表，每一电流线路在基本电流、参比频率和参比温度下的视在功率不应超过表 2 规定值。

经电流互感器接入的仪表，每一电流线路在参比温度和参比频率下电流值等于电流互感器二次额定电流的视在功率不应超过表 2 规定值。

表 2 电流线路的功率消耗

仪表	仪表等级	
	1	2
单相和多相	4.0VA	2.5VA

注 1：额定二次电流时电流互感器的二次电流值，即确定互感器性能的电流值。最大二次电流的标准值是额定二次电流的 120%、150% 和 200%。

注 2：为了匹配仪表的电流互感器，不论负荷是感性或容性的，制造厂应予注明（仅对经互感器接入的仪表）。

7.2 短时过电流影响

短时过电流不应损坏仪表。当回到初始工作条件时，仪表应能正确工作，其误差改变量不应超过表 3 规定值。

试验线路应事实上无感，对于多相仪表试验应逐相进行。

接线端保持电压进行短时过电流以后，在各电压线路通电条件下应使仪表恢复到初始温度（约 1h）。

a）直接接入仪表

仪表应能经受 $30I_{max}$，允差为 $+0\%\sim-10\%$ 的电流，施加时间为额定频率的半个周期。

b）经电流互感器接入的仪表

仪表应能经受相当于 $20I_{max}$，允差为 $+0\%\sim-10\%$ 的电流，施加时间为 0.5s。

注：本要求不适用于在电流电路中有触点的仪表，此情况参见相关标准。

7.3 自热影响试验

由自热引起的误差改变量不应超过表 4 给出的值。

应进行如下试验：电流线路无电流，电压线路接参比电压至少 2h（对于 1 级仪表）和 1h（对于 2 接仪表）后，在电流线路中应施加最大电流。在功率因数为 1 时，施加电流后立刻测量仪表误差，接着以足够短的间隔时间准确地画出作为时间函数的误差变化曲线。此项试验至少应进行 1h，且在任何情况下直至 20min 内其误差变化不大于 0.2% 时为止。

表 3　由短时过电流引起的改变量

仪表	电流值	功率因数	各等级仪表以百分数误差表示的改变量极限	
			1	2
直接接入	I_b	1	1.5	1.5
经电流互感器接入	I_n	1	0.5	1.0

表 4　自热引起的改变量

电流值	功率因数	各等级仪表仪百分数误差表示的改变量极限	
		1	2
I_{max}	1	0.7	1.0
	0.5（感性）	1.0	1.5

功率因数为 0.5（感性）时重复上述试验。

给仪表通电的电缆长度为 1m，横截面积应保证电流密度 3.2A/mm² ～ 4A/mm² 之间。

7.4　交流电压试验

交流电压试验应按照表 5 进行。

试验电压应近似正弦波，频率在 45Hz 和 65Hz 之间，施加 1min。电源容量至少应为 500VA。

在对地电压试验中，参比电压等于或低于 40V 的辅助线路应接地。

所有试验均应在外壳闭合，表盖和端钮盖在原位的情况下进行试验。

试验中不应发生飞弧、火花放电或击穿现象。

表 5　交流电压试验

施加于	试验电压（均方根）	试验电压施加点
Ⅰ类防护仪表	2kV	a)所有的电流线路和电压线路以及参比电压超过 40V 的辅助线路连接在一起为一点,另一点是地,试验电压施加于该两点间
	2kV	b)在工作中不连接的各线路之间
Ⅱ类防护仪表	4kV	a)所有的电流线路和电压线路以及参比电压超过 40V 的辅助线路连接在一起为一点,另一点是地,试验电压施加于该两点间
	2kV	b)在工作中不连接的各线路之间
	—	c)目视检验是否遵从 GB/T 17215.211—2006 的 5.7 条的条件

8 准确度要求

GB/T 17215.211—2006 中给出的试验和试验条件适用于本部分。

8.1 电流改变量引起的误差极限

仪表在 8.5 规定的参比条件下，其百分数误差不应超过表 6 和表 7 中给定的相应准确度等级的极限。

如果仪表可适用于测量双向电能，则表 6 和表 7 中给定的值适用于每一方向的电能。

当仪表带单相负载和带多相负载时的百分误差之差不应超过 1.5%（对 1 级表）和 2.5%（对 2 级表）。对于直接接入式的仪表，是在基本电流 I_b 和功率因数 1 时测试；相应的对于经互感器接入的仪表是在额定电流 I_n 和功率因数为 1 时测试百分数误差之差对于 1 级和 2 级仪表分别不能超过 1.5% 和 2.5%。

注： 当按表 7 试验时，试验电流宜依次加入每一测量单元。

8.2 由其他影响量引起的误差极限

相对于 8.5 给出的参比条件下影响量的变化引起的附加的百分数误差不应超过表 8 规定的与准确度等级有关的极限。

应单独地对某个影响量引起的改变量进行测试，所有其他影响量保持为参比条件（见表 11）。

表 6 百分数误差极限（单相仪表和带平衡负载的多相仪表）

电流值		功率因数	各等级仪表百分数误差极限	
直接接入仪表	经互感器仪表		1	2
$0.05I_b \leq I < 0.1I_b$	$0.02I_n \leq I < 0.05I_n$	1	±1.5	±2.5
$0.1I_b \leq I \leq I_{max}$	$0.05I_n \leq I \leq I_{max}$	1	±1.0	±2.0
$0.1I_b \leq I < 0.2I_b$	$0.05I_n \leq I \leq 0.1I_n$	0.5(感性)	±1.5	±2.5
		0.8(容性)	±1.5	—
$0.2I_b \leq I \leq I_{max}$	$0.1I_n \leq I \leq I_{max}$	0.5(感性)	±1.0	±2.0
		0.8(容性)	±1.0	—
当用户特殊要求时		0.25(感性)	±3.5	—
$0.2I_b \leq I \leq I_b$	$0.1I_n \leq I \leq I_n$	0.5(容性)	±2.5	—

表7　百分数误差极限（带有单相负载的多相仪表，

电压线路加平衡的多相电压）

电流值		功率因数	各等级仪表百分数误差极限	
直接接入仪表	经互感器仪表		1	2
$0.1I_b \leqslant I \leqslant I_{max}$	$0.05I_n \leqslant I \leqslant I_{max}$	1	±2.0	±3.0
$0.2I_b \leqslant I \leqslant I_{max}$	$0.1I_n \leqslant I \leqslant I_{max}$	0.5（感性）	±2.0	±3.0

8.2.1　在有谐波的情况下的准确度试验

试验条件：

a) 基波电流：$I_1 = 0.5I_{max}$；

b) 基波电压：$U_1 = U_n$；

c) 基波的功率因数：1；

d) 5次谐波电压含量：$U_5 = 10\%U_n$；

e) 5次谐波电流含量：$I_5 = 40\%I_1$；

f) 谐波功率因数：1；

g) 基波和谐波（在过零点）同相。

由5次谐波产生的谐波功率为 $P_s = 0.1U_1 \times 0.4I_1 = 0.04P_1$，或总有功功率为 $1.04P_1$（基波＋谐波）。

8.2.2　奇次和次谐波影响试验

奇次和次谐波影响试验应按照图A.4中的线路进行或采用可产生所要求波形的其他试验设备进行. 电流波形分别为图A.5和A.7所示。在仪表承受图A.5和图A.7给定的试验波形以及承受标准波形的百分误差改变量不应超过表8的改变量极限。

注：图中给出值只是对50Hz的，对其他频率的值可按此推算。

8.2.3　直流和偶次谐波影响试验

直流和偶次谐波影响试验应按图A.1中的线路进行或采用可产生所要求波形的其他试验设备进行，电流波形为图A.2。

在图A.2所示的试验波形和标准波形下测得的百分误差改变量改变不应超过表8规定的改变量极限。

注：图中仅给出了50Hz的值，对其他频率的参数可按此推算。

表8 影响量

影响量	电流值（平衡的，有说明除外）		功率因数	各等级仪表的平均温度系数（%/K）	
	直接接入仪表	经互感器仪表		1	2
环境温度变化[9]	$0.1I_b \leqslant I \leqslant I_{max}$	$0.05I_n \leqslant I \leqslant I_{max}$	1	0.05	0.10
	$0.2I_b \leqslant I \leqslant I_{max}$	$0.1I_n \leqslant I \leqslant I_{max}$	0.5(感性)	0.07	0.15
				各等级仪表百分数误差改变极限	
				1	2
电压改变量±10%[1)8)]	$0.05I_b \leqslant I \leqslant I_{max}$	$0.02I_n \leqslant I \leqslant I_{max}$	1	0.7	1.0
	$0.1I_b \leqslant I \leqslant I_{max}$	$0.05I_n \leqslant I \leqslant I_{max}$	0.5(感性)	1.0	1.5
频率改变量±2%[8)]	$0.05I_b \leqslant I \leqslant I_{max}$	$0.02I_n \leqslant I \leqslant I_{max}$	1	0.5	0.8
	$0.1I_b \leqslant I \leqslant I_{max}$	$0.05I_n \leqslant I \leqslant I_{max}$	0.5(感性)	0.7	1.0
逆相序	$0.1I_b$	I_n	1	1.5	1.5
电压不平衡[3)]	$0.1I_b$	I_n	1	2.0	4.0
电流线路和电压线路中谐波分量[5)]	$0.5I_{max}$	$0.5I_{max}$	1	0.8	1.0
交流电流线路中直流和偶次谐波[4)]	$I_{max}/\sqrt{2}^{2)}$	—	1	3.0	6.0
交流电流线路中奇次谐波[5)]	$0.5I_b^{2)}$	$0.5I_n^{2)}$	1	3.0	6.0
交流电流线路中次谐波[5)]	$0.5I_b^{2)}$	$0.5I_n^{2)}$	1	3.0	6.0
外部恒定磁感应[5)]	I_b	I_n	1	2.0	3.0
外磁感应强度0.5mT[6)]	I_b	I_n	1	2.0	3.0
高频电磁场	I_b	I_n	1	2.0	3.0
附件工作[7)]	$0.05I_b$	$0.05I_n$	1	0.5	1.0
射频场感应的传导骚扰	I_b	$0.05I_n$	1	2.0	3.0

表 8(续)

影响量	电流值 （平衡的,有说明除外）		功率因数	各等级仪表的平均温度 系数（%/K）	
	直接接入仪表	经互感器仪表		1	2
快速瞬变脉冲群	I_b	I_n	1	4.0	6.0
抗衰减振荡波[10]	—	I_n	1	2.0	3.0

1）电压范围从 $-20\%\sim-10\%$ 和从 $+10\%\sim+15\%$ 时,以百分数误差表示的改变量极限为本表规定值的 3 倍。低于 $0.8U_n$ 时,仪表误差可在 $+10\%\sim-100\%$ 之间改变。

2）电压的畸变因数应低于 1%,试验条件按 8.2.2 和 8.2.3 规定。

3）有 3 个测量元件的多相仪表,如下面的相被断开,应能在本表规定的以百分数误差表示的改变量的极限内测量和计数。

——三相四线电网中的一相或两相;

——三相三线电网中(如果仪表为此工作设计)的三相中的一相。

本要求仅包括断相,不包括诸如互感器熔丝失效的事件。

4）此项试验不适用于经互感器工作的仪表。试验条件按 A.1 的规定。

5）试验条件按 8.2.1～8.2.4 规定。

6）外部 0.5mT 的磁感应强度由施加给仪表电压相同频率的电流产生,并在对被测仪表最不利的相位和方向的条件下,仪表以百分数误差表示的改变量不应超过表 8 规定值。

可使用中心能放置仪表的环形电流线圈产生该磁感应强度场的磁场。环形线圈的平均直径为 1m,截面为矩形,并且相对直径具有较小的径向厚度。磁场强度为 400 安匝。

7）该附件为封装在表壳内的并且是间断通电的,如:多费率计度器的电磁铁。

为能正确接线,最好标出与辅助装置的连接方法。若这种连接是插头和插座方式,则应是不可逆的。

然而,在没有那些标志或者连接是可逆的,如果在最不利的接线下试验,其误差改变量不应超过本表规定值。

8）电压改变量、频率改变量推荐的试验点,对直接接入仪表为 I_b,对经互感器仪表为 I_n。

9）应在整个工作范围内确定平均温度系数。工作温度范围应分成多个 20K 宽的子范围,然后在这些范围内确定平均温度系数,在该范围中间的上 10K 和下 10K 进行测定。试验期间无论如何不要超出规定的工作温度范围。

10）该试验仅用于经互感器仪表。

8.2.4　外部恒定磁感应

恒定磁场可采用直流电磁铁获得,见附录 B。该磁场应作用于按正常使用时安装的仪表的所有可触及表面。其磁势值应为 1000At（安匝）。

8.3 起动和无负载状态（潜动）试验

对这些试验，除下述规定外，影响量的条件和值应按 8.5 规定。

8.3.1 仪表的初始启动

参比电压加到仪表接线端后，5s 内仪表应达到全部工作状态。

8.3.2 潜动试验

当施加电压而电流线路无电流时，仪表的测试输出不应产生多于一个的脉冲。

试验时，电流线路应开路，电压线路所加电压应为参比电压的 115%。

最短试验时间 Δt 为：

对 1 级表：$\Delta t \geqslant \dfrac{600 \times 10^6}{k \cdot m \cdot U_n \cdot I_{max}}$ [min]

对 2 级表：$\Delta t \geqslant \dfrac{480 \times 10^6}{k \cdot m \cdot U_n \cdot I_{max}}$ [min]

其中：

k——仪表输出单元发出的每千瓦小时的脉冲数，imp/(kW·h)；

m——测量单元数；

U_n——参比电压，V；

I_{max}——最大电流，A。

经互感器工作的，并带有初级或半初级计度器的仪表，常数 k 应对应于次级（电压和电流）数值。

8.3.3 起动

在表 9 规定起动电流条件下（多相仪表带平衡负载），仪表应能起动并连续计量。

如果该仪表为双向电能测量仪表，那么这试验应用于每一个方向的电能测量。

表 9 起动电流

仪表	仪表等级		功率因数
	1	2	
直接接入	$0.004I_b$	$0.005I_b$	1
经电流互感器接入	$0.002I_n$	$0.003I_n$	1

8.4　仪表常数

测试输出与显示器指示之间的关系，应与铭牌标志一致。

8.5　准确度试验条件

为检验准确度要求，应保持下列试验条件：

a）被试表应装在表壳内，并盖上表盖，所有要接地的部件应接地。

b）进行试验之前，各线路应通电并达到热稳定。

c）此外，多相仪表应该：

——符合接线图所示的相序；

——电压和电流应基本平衡（见表 10）。

d）参比条件见表 11。

e）试验装置要求见 GB/T 11150—2001 电能表检验装置。

表 10　电压和电流平衡

多相仪表	仪表等级	
	1	2
每一相对中性线间的电压和任二相间的电压与对应的电压平均值之差不大于	±1%	±1%
每一导体中的电流与平均电流之差不应大于	±2%	±2%
这些电流的每一电流与对应的相对中性线的电压的相位，它们相互间的差不应大于（不考虑相位角）	2°	2°

表 11　参比条件

影响量	参比值	各等级仪表允许偏差	
		1	2
环境温度	参比温度或者不标注的为 23℃[1]	±2℃	±2℃
电压	参比电压	±1.0%	±1.0%
频率	参比频率	±0.3%	±0.5%
相序	L1-L2-L3	—	—
电压不平衡	所有相连接	—	—
波形（直流和偶次谐波，奇次谐波和次谐波）	正弦波电压和电流	畸变因数小于 2%	畸变因数小于 3%
外部恒定磁感强度	等于零	—	—

表 11(续)

影响量	参比值	各等级仪表允许偏差	
		1	2
参比频率的外部磁感强度	磁感强度等于零	引起的误差改变量不大于以下值的磁感应强度值;	
		±0.2%	±0.3%
		但在任何情况下应小于 0.05mT[2)	
高频电磁场 30kHz～2GHz	等于零	<1V/m	<1V/m
附件工作	附件不工作	—	—
射频场感应的传导骚扰 150kHz～80MHz	等于零	<1V	<1V

1)若在非参比温度的某一值(包括允许偏差)下进行试验,应通过相应的仪表温度系数校正试验结果。

2)试验包括:

a)单相仪表,首先将仪表同电网电源正常连接测定各项误差,接着将电流线路以及电压线路反向连接后测定各项误差。两个误差之差的一般即是误差改变量的值。由于外磁场相位未知,试验应在 $0.1I_b$ 或 $0.05I_n$,功率因数为 1 和 $0.2I_b$ 或 $0.1I_n$,功率因数为 0.5 条件下进行;

b)三相仪表,在 $0.1I_b$ 或 $0.05I_n$,功率因数为 1 条件下进行三次测量,在每次测量之后,电流线路和电压线路的连接改变 120°,相序不改变。确定每个误差之间的最大差值,它们的平均值就是其误差改变量的值。

8.6 试验结果的整理

由于存在测量的不确定度和某些能影响测量的参数,有些测试结果可能会超出表 6 和表 7 中规定的极限范围。但是如果将零线平移不超过表 12 中规定的极限,所有测试结果便落入表 6 和表 7 中规定极限范围,则该仪表型式应认为是可接受的。

表 12 试验结果的整理

	仪表等级	
	1	2
允许零线移动量/%	0.5	1.0

第15章 《交流电测量设备 通用要求、试验和试验条件 第11部分：测量设备》GB/T 17215.211—2006 部分原文摘录

5 机械要求

5.1 通用机械要求

仪表应被设计并制成在正常条件下正常工作时不致引起任何危险。尤其应确保：

——抗电击的人身安全；

——防过高温度的人身安全；

——防止火焰蔓延；

——防止固体异物、灰尘和水的进入。

在正常工作条件下可能经受腐蚀的所有部件应受有效防护。在正常工作条件下，任何防护层既不应在一般的操作时会受损，也不应由于暴露在空气中而受损。户外用仪表应能耐阳光辐射。

注： 对在腐蚀环境中特殊使用的仪表，附加要求应在订货合同中规定（如按 GB/T 2423.17 的盐雾试验）。

5.2 外壳

5.2.1 要求

仪表应有一个能被铅封的外壳，只有在破坏铅封后才能触及仪表内部部件。

不使用工具，表盖应不能被拆下。

表壳的构造和安排应能保证在出现非永久性变形时不妨碍仪表正常工作。

除非另有规定，在参比条件下接入对地电压超过 250V 的供电干线的仪表，且当其外壳全部或部分由金属材料制成，应提供一个保护接地端子。

仪表外壳的机械强度应作下列试验：

5.2.2 试验

5.2.2.1 弹簧锤试验

仪表外壳的机械强度应作弹簧锤试验（见 IEC 60068-2-75）。

应将仪表安装在其正常工作位置，弹簧锤以 0.2J±0.02J 的动能作用在仪表表盖的外表面（包括窗口）及端子盖上。

如果仪表的外壳和端子盖没有出现影响仪表功能及可能触及带电部件的损伤，此试验的结果是合格的。不减弱对间接接触的防护或不影响防止固体异物、灰尘和水进入的轻微损伤是允许的。

5.2.2.2 冲击试验

试验应在下列条件下，按 GB/T 2423.5 进行：

——仪表在非工作状态，无包装；

——半正弦脉冲；

——峰值加速度：$30g_n$（$300m/s^2$）；

——脉冲周期：18ms。

试验后，仪表应无损伤或信息改变并应能按相应标准的要求正确地工作。

5.2.2.3 振动试验

试验应在下列条件下，按 IEC 60068-2-6 进行：

——仪表在非工作状态，无包装；

——频率范围：10Hz～150Hz；

——交越频率：60Hz；

——$f<60Hz$，恒定振幅 0.075mm；

——$f>60Hz$，恒定加速度 $9.8m/s^2$（$1g$）；

——单点控制；

——每轴扫描周期数：10。

注：10 个扫描周期＝75min。

试验后，仪表应无损伤或信息改变并应能按相应标准的要求准确地工作。

5.3 窗口

如果表盖不是透明的，为抄读显示器和观察工作指示器（如装设时），应提供一个或几个窗口。这些窗口应由透明材料制成，不拆去铅封，未被破坏不能被取下。

5.4　端子—端子座—保护接地端子

端子应组装在具有足够的绝缘性能和机械强度的端子座中。为满足此项要求，在为端子座选择绝缘材料时应考虑适当的材料试验。

制造端子座的材料应能通过 ISO 75-2 规定的有关温度为 135℃、压力为 1.8MPa（方法 A）的试验。

成为端子孔延伸的绝缘材料中的孔应有足够的大小，以同时容纳导线的绝缘层。

导线与端子的固定方式应确保充分和持久的接触，以免松动和过度发热。传递接触力的螺钉和在仪表寿命期内需多次松紧的固定螺钉应拧入金属螺母。

每个端子的所有部分应使其在与任何其他金属部件接触而产生腐蚀的危险性最小化。

电气连接应设计成不通过绝缘材料来传递接触力。

对于电流线路，其电压被认为与相应的电压线路是相同的。

紧密组装在一起的不同电位的端子应防止偶然短路。可用绝缘栅加以防护。一个电流线路的端子被视作处于相同电位。

端子、导体固定螺钉，或内、外部导体不应与金属端子盖接触。

如有保护接地端子，

a）应与可接触的金属部件作电气连接；

b）如可能，应成为仪表底座的部件；

c）应尽量靠近端子座；

d）应能容纳一个导线，其截面至少等于主干电流导线的截面，下限为 6mm²，上限为 16mm²（此尺寸仅为使用铜导线时）；

e）按 IEC 60417-2 中的 5019 保护接地规定的图形符号清楚地予以标识。

安装后，不使用工具应不能松开保护接地端子。

5.5　端子盖

仪表的端子如果被组装在端子座中且无任何其他方法保护，应有一个独立于表盖的可铅封的盖。除非另有规定，端子盖应盖住端子、导线固定螺钉，还应盖住适当长度的外接导线及其绝缘层。

当仪表为挂壁式安装时，不拆除端子盖铅封应不能触及端子。

5.6 间隙和爬电距离

参比电压超过40V的线路的任何端子与地，以及与所有参比电压低于或等于40V的辅助线路的端子之间的间隙和爬电距离应不小于下列规定：

——对Ⅰ类防护仪表按表3a；

——对Ⅱ类防护仪表按表3b。

参比电压超过40V的线路其端子间的间隙和爬电距离应不小于表3a中的规定。

端子盖如用金属制成，其与拧入所固定的最大导线后的螺钉端面的间隙不小于表3a和表3b中所示的相关值。

表 3a　Ⅰ类防护绝缘包封仪表的间隙和爬电距离

从额定系统电压导出的相对地电压/V	额定脉冲电压/V	最小间隙/mm		最小爬电距离/mm	
		户内用仪表	户外用仪表	户内用仪表	户外用仪表
≤100	1500	0.5	1.0	1.4	2.2
≤150	2500	1.5	1.5	1.6	2.5
≤300	4000	3.0	3.0	3.2	5.0
≤600	6000	5.5	5.5	6.3	10.0

表 3b　Ⅱ类防护绝缘包封仪表的间隙和爬电距离

从额定系统电压导出的相对地电压/V	额定脉冲电压/V	最小间隙/mm		最小爬电距离/mm	
		户内用仪表	户外用仪表	户内用仪表	户外用仪表
≤100	2500	1.5	1.5	2.0	3.2
≤150	4000	3.0	3.0	3.2	5.0
≤300	6000	5.5	5.5	6.3	10.0
≤600	8000	8.0	8.0	12.5	20.0

也应满足脉冲电压试验的要求（见7.3.2）。

5.7 Ⅱ类防护绝缘包封仪表

Ⅱ类防护仪表应具一个耐用的且完全由绝缘材料制成的外壳，包括端子盖也应由绝缘材料制成。除一些小部件，如铭牌、螺钉、挂攀和铆钉外，外壳应包容所有的金属部件。如果这类小部件用标准试验指（按 IEC

60529 规定）可从表壳外触及，则还应通过附加绝缘将其与带电部件隔离以防基本绝缘失效或带电部件松动。清漆、瓷漆、普通纸、棉纱、金属件上的氧化膜、粘贴膜、填充料或类似的不可靠材料的绝缘保护对附加绝缘而言，不应被认为是有效的。

对此类仪表的端子座和端子盖，用加强绝缘是足够的。

5.8　耐热和阻燃

端子座、端子盖和表壳应具备合适的安全性以防止火焰蔓延。不应因与之接触的带电部件的热过载而着火。为了充分满足要求应进行下列试验。

试验应按 IEC 60695-2-11 规定，以下列温度进行：

——端子座：960℃±10℃；

——端子盖和表壳：650℃±10℃；

——作用时间：30s±1s。

可在任一随机位置与灼热丝接触。如果端子座与表底为一整体，仅对端子座进行试验是足够的。

5.9　防尘和防水

仪表应符合 IEC 60529 规定的防护等级。

——户内用仪表：IP51，但表内无负压；

——户外用仪表：IP54。

试验应按 IEC 60529 的规定，在下列条件下进行：

a）防尘

——仪表在非工作状态下，并安装在一模拟墙上；

——应接入制造商规定型号的标准长度的电缆（暴露端密封）进行试验，且端子盖在原来位置；

——表内外应保持相同的大气压力（既不欠压也不过压），仅对户内用仪表；

——第一位特征数字：5（IP5X）。

任何灰尘的进入量以不影响仪表的工作为度。应通过 7.3 规定的绝缘强度试验。

b）防水

——仪表在非工作状态；

——第二位特征数字：1（IPX1），适用于户内用仪表；

4（IPX4），适用于户外用仪表。

任何水的进入量以不影响仪表的工作为度。应通过 7.3 规定的绝缘强度试验。

5.10 测量值的显示

信息应能通过机电计度器或电子显示器显示。在电子显示器的情况下，相应的非易失存贮器的最少保持时间应为四个月。

注 1：非易失存贮器的更长保持时间应在订货合同中规定。

用单一显示器显示多个量值的情况下，应能显示所有相关存贮器的内容。在显示存贮器内容时，应能鉴别所适用的每一费率，并且能自动顺序显示，对以计费为目的的计度器的每次显示应不少于 5s。

应能指示当前费率。

当仪表未通电时，电子显示器不必显示。

测量值的基本单位为千瓦时（kWh）、千乏时（kvarh）、千伏安时（kVAh）或兆瓦时（MWh）、兆乏时（Mvarh）、兆伏安时（MVAh）。

对于机电计度器，计度分度应是耐久的并易读取的。当连续转动时，鼓轮的最低值应被分成十等分并标以数字，每一等分再被分成 10 份，或任何其他能确保相同读数准确度的分格。指示单位小数位的字轮，当其可见时，应有不同的标记。

电子显示器的每一数字单元，应能显示从"0"到"9"的全部数字。

计度器应能记录并显示从零开始相应于在参比电压和功率因数为 1 时，至少 1500h 最大电流时的电能。

注 2：多于 1500h 的值应在订货合同中规定。

在使用期间，应不能使累积总电能的指示复位。

注 3：显示的例行翻转不能认为是复位。

5.11 输出装置

仪表应有能用合适的测试设备进行监测的测试输出装置。

输出装置通常不产生均匀的脉冲序列。因此制造商应说明必需的脉冲数，以确保测试的准确度在不同的测试点至少为仪表等级的 1/10。

电测试输出见 IEC 62053-31。

如测试输出为光测试输出，则应满足 5.11.1 和 5.11.2 的要求。

如装有工作指示器，应从正面可见。

5.11.1　机械和电特性

光测试输出应从正面可触及。

最大脉冲频率应不超过 2.5kHz。

调制的和非调制的输出脉冲都是允许的。非调制的输出脉冲应具有图 D.2 所示的波形。

脉冲跃迁时间（上升时间或下降时间）是从一种状态到另一种状态的时间，包括瞬变效应。跃迁时间应不超过 20μs（见图 D.2）。

紧邻的两个光脉冲输出的距离，或离开一个光状态显示的距离应该足够长，不致影响传输。

在测试条件下，当接收头和光脉冲输出的光轴成一直线时，可获得最佳脉冲传输[①]。

附录 D 中图 D.2 给出的上升时间应通过 $t_r \leqslant 0.2\mu s$ 的标准接收二极管来验证。

5.11.2　光特性

发射系统的辐射信号的波长在 550nm～1000nm 之间。

仪表输出装置应在离开仪表表面距离 $a_1 = 10mm \pm 1mm$ 的整个规定的参考面上（旋光面积）产生一个辐射强度为 E_T 的信号，输出装置的极限值如下：

ON 状态：$50\mu W/cm^2 \leqslant E_T \leqslant 1000\mu W/cm^2$

OFF 状态：$E_T \leqslant 2\mu W/cm^2$

见图 D.1。

5.12　仪表的标志

5.12.1　铭牌

每台仪表应具有下列可应用信息：

---

① （脉冲传输）光通道应不受强度为 16000lx 以下的周围光（光的成分类似日光，包括荧光灯的光）的影响。

a）制造厂名或商标，如需要时包括产地。

b）型号（见3.1.8），如需要时留有认证标志的空间。

c）仪表适用的相数和线数（例如单相二线、三相三线、三相四线）；这些标志可用 IEC 60387 所规定的图形符号来代替。

d）顺序号和制造年份，如顺序号标在固定于表盖的标牌上，则也应标在仪表的表底或贮存仪表的非易失存贮器中。

e）参比电压以下列形式之一标志：

——元件数（如多于一个）和仪表电压线路端的电压；

——系统的额定电压或仪表预定连接的仪用互感器的二次电压。

标志示例见表4。

表4　电压标志

仪表	电压电路端子上的电压/V	额定系统电压/V
单相二线,220V	220	220
单相三线,120V(对中线 120V)	240	240
三相三线,二元件(相间 220V)	2×220	3×220
三相四线,三元件(相对中线 220V)	3×220(380)	3×220/380

f）对直接接入式仪表，标示基本电流和最大电流，例如，一台基本电流为 10A、最大电流为 40A 的仪表，标示成：10-40A 或 10(40) A。

对经互感器工作的仪表，标示与其连接的互感器的额定二次电流，例如/5A；仪表的额定电流和最大电流可包括在型号中。

g）参比频率，Hz。

h）仪表常数。

i）仪表等级指数。

j）参比温度，不是23℃时。

k）Ⅱ类防护绝缘包封仪表用双方框符号 $\boxed{\Box}$ 。

a）、b）和 c）项信息可标示在永久性附于表盖外部的标牌上。

d）至 k）项信息应优先标示在仪表内部的铭牌上。标志应耐久、清晰，并从仪表外部可见。

若仪表是一种特殊形式的（例如在多费率仪表中，如果其转换装置的电压不同于参比电压）则应在铭牌或单独的标牌上予以说明。

如果在仪表常数中考虑了仪用互感器，应标示互感器变比。

也可使用标准符号（见 GB/T 17441）。

5.12.2　接线图和端子标志

每台仪表应永久地标示接入的线路。如无可能，则应制作说明书以提供接线图。对多相仪表，图中还应示出仪表接入线路的相序。

若仪表端子加以标记，则此标记应在接线图中出现。

6　气候条件

6.1　温度范围

仪表的温度范围如表 5 所示。除 m）凝露和 p）结冰以外，这些数值引自 IEC 60721-3-3 表 1。

表 5　温度范围

	户内用仪表	户外用仪表
规定的工作范围	−10℃～−45℃ （3K5 级）	−25℃～−55℃ （3K6 级）
极限工作范围	−25℃～−55℃ （3K6 级）	−40℃～−70℃ （3K7 级）
贮存和运输极限范围	−25℃～−70℃ （3K8H 级）	−40℃～−70℃ （3K7 级）

注 1：对特殊用途,可在订货合同中规定其他温度值,例如户内用仪表低温环境可使用 3K7 级。
注 2：在此极端温度范围（3K7 级）内,仪表的工作、贮存和运输最长期限仅限于 6h。

6.2　相对湿度

所设计的仪表应经受表 6 规定的气候条件。温度和湿度组合的试验见 6.3.3。

表 6　相对湿度

年平均	＜75％
30 天,一年中这些天以自然方式分	95％
其余时间有时为	85％

相对湿度极限与环境温度的函数关系如附录 A 所示。

6.3 气候环境影响试验

每项气候试验后，仪表应无损坏或信息改变并能正确地工作。

6.3.1 高温试验

试验应按 GB/T 2423.2，在下列条件进行：

——仪表在非工作状态下；

——温度：＋70℃±2℃；

——试验时间：72h。

6.3.2 低温试验

试验应按 GB/T 2423.1，在下列条件进行：

——仪表在非工作状态下；

——温度：－25℃±3℃，户内用仪表；

　　　　　　－40℃±3℃，户外用仪表；

——试验周期：72h，户内用仪表；

　　　　　　16h，户外用仪表。

6.3.3 交变湿热试验

试验应按 GB/T 2423.4，在下列条件下进行：

——电压线路和辅助线路通参比电压；

——电流线路无电流；

——交变方式：1；

——上限温度：＋40℃±2℃，户内用仪表；

　　　　　　＋55℃±12℃，户外用仪表；

——不采取特殊的措施来排除表面潮气；

——试验时间：6 个周期。

此项试验结束后 24h，仪表应经受下列试验：

a）按 7.3 进行绝缘试验，其中脉冲电压应乘以系数 0.8；

b）功能试验，仪表应无损坏或信息改变并能正确工作。

湿热试验也可当作腐蚀试验。目测评判试验结果。不应出现可能影响仪表功能特性的腐蚀痕迹。

6.3.4　阳光辐射防护

户外用仪表应承受阳光辐射。

试验应按 GB/T 2423.24 在下列条件下进行：

——仅对户外用仪表；

——仪表在非工作状态；

——试验程序 A（照光 8h，遮暗 16h）；

——上限温度：+55℃；

——试验时间：3 个周期或 3 天。

试验后，仪表应受目测检验。设备的外观，特别是标志的清晰度应不受改变。仪表的功能不应受损。

7　电气要求

7.1　电源电压影响

7.1.1　电压范围

表 7　电压范围

规定的工作范围	从 0.9 到 1.1U_n
扩展的工作范围	从 0.8 到 1.15U_n
极限工作范围	从 0.0 到 1.15U_n

注：在接地故障情况下的最大电压见 7.4。

7.1.2　电压暂降和短时中断

电压暂降和短时中断不应在计度器中产生大于 x 单位的改变，并且测试输出也不应产生一个等效于大于 x 单位的信号。x 值由下式算出：

$$x = 10^{-6} m U_n I_{max}$$

式中：

m——测量元件数；

U_n——参比电压，单位为伏（V）；

I_{max}——最大电流，单位为安（A）。

当电压恢复时，仪表的计量特性不应降低。

出于试验目的，仪表计度器至少应具有 0.01 单位的分辨力。

试验应按下列条件进行：

——电压线路和辅助线路通以参比电压；

——电流线路无电流。

a) 电压中断 $\Delta U = 100\%$

——中断时间：1s；

——中断次数：3 次；

——中断间隔时间：50ms，见图 B.1。

b) 电压中断，$\Delta U = 100\%$

——中断时间：额定频率的一个周期；

——中断次数：1 次，见图 B.2。

c) 电压暂降，$\Delta U = 50\%$

——暂降时间：1min；

——暂降次数：1 次，见图 B.3。

7.2 温升

在额定工作条件下，电路和绝缘体不应达到可能影响仪表正常工作的温度。

绝缘材料应符合 GB/T 11021—1989 的相应要求。

仪表每一电流线路通以额定最大电流，每一电压线路（以及那些通电周期比其热时间常数长的辅助电压线路）加载 1.15 倍参比电压，外表面的温升在环境温度为 40℃时应不超过 25K。

在 2h 的试验期间，仪表不应受到风吹或直接的阳光照射。

试验后，仪表应不受损坏并满足 7.3 的介电强度试验。

7.3 绝缘

在正常使用条件下，考虑到气候环境影响及在正常使用条件下经受的不同电压，仪表及其连用的辅助装置（如有时），应具有足够的介电质量。

仪表应经受 7.3.1 至 7.3.3 规定的脉冲电压试验和交流电压试验。

7.3.1 通用试验条件

试验仅对整表进行，带有表盖（后文有说明时除外）和端子盖，端子螺钉应拧在端子所能固定最大导线位置上。

试验程序按 GB/T 16927.1。

首先应进行脉冲电压试验，而后进行交流电压试验。

在型式试验中，介电强度试验仅对经受过该试验的仪表的端子排列是有效的。当端子排列不同时，应对每种排列进行所有的介电强度试验。

对于这些试验，术语"地"具有如下含义：

a）当表壳由金属制成时，"地"，即表壳本身，置于导电平面上。

b）当表壳全部或只有部分由绝缘材料制成时，"地"是包围仪表的导电箔，此导电箔与所有可接触导电部件接触并与置于表底的导电平面相连接。在端子盖处，使导电箔接近端子和接线孔，距离不大于2cm。

在脉冲电压和交流电压试验时，如下文所指出，非试验线路应与地相连接。

试验后，在参比条件下仪表的百分数误差的改变应不大于测量不确定度并对设备无机械损坏。

在本条款中，"所有端子"是指电流线路、电压线路和参比电压超过40V的辅助线路（如有）的整套端子。

这些试验应在正常使用条件下进行。试验中，绝缘质量不应受灰尘或异常潮湿而降低。

除非另有规定，绝缘试验的标称条件为：

——环境温度：15℃～25℃；

——相对湿度：45％～75％；

——大气压力：86kPa～106kPa。

如因各种原因必须重做绝缘试验，则应取新的样品进行。

7.3.2 脉冲电压试验

试验应在下列条件下进行：

——脉冲波形：按 GB/T 16927.1 规定的 1.2/50 脉冲；

——电压上升时间：±30％；

——电压下降时间：±20％；

——电源阻抗：500Ω±50Ω；

——电源能量：0.5J±0.05J；

——试验电压：按表3a 或表3b；

——试验电压允差：＋0％～10％。

每次试验，以一种极性施加 10 次脉冲，然后以另一极性重复 10 次。两脉冲间最小时间为 3s。

注：对以架空电网为主的地区，峰值电压可高于表 3a 和表 3b 中规定的试验电压。

7.3.2.1 线路及线路间的脉冲电压试验

在正常使用中与仪表的其他线路绝缘的每一线路（或线路组合）应单独进行试验。不经受脉冲试验的线路端子应接地。

当在正常使用中一个测量单元的电压线路和电流线路连在一起时，应整体进行试验。电压线路的另一端应接地，脉冲电压应施加在电流线路端子和地之间。当仪表的几个电压线路有一个公共点时，此公共点应接地。脉冲电压依次施加在每一接线的自由端（或与之相连接的电流线路）与地之间。此电流线路的另一端应开路。

在正常使用中同一测量单元的电压线路与电流线路分离并适当地绝缘（例如与测量互感器相接的每一线路）时，应分别对每一线路进行试验。

在某一电流线路试验时，其他线路端应接地，脉冲电压施加于电流线路端子之一与地之间。对某一电压线路试验时，其他线路端和被试电压线路端子之一应接地，脉冲电压施加于电压线路的另一端子与地之间。

直接与电网干线连接或连接到仪表线路的同一电压互感器上的、参比电压超过 40V 的辅助线路，应经受与那些已经对电压线路给出的相同条件下的脉冲电压试验。其他辅助线路应不作此试验。

7.3.2.2 电路对地的脉冲电压试验

仪表电路的所有端子，包括那些参比电压超过 40V 辅助电路端子，应该连接在一起。

参比电压低于或等于 40V 的辅助电路应该接地。脉冲电压施加在所有电路和地之间。在此试验期间，不应出现闪络，破裂放电或击穿。

7.3.3 交流电压试验

有关特殊要求见相应标准。

7.4 抗接地故障能力

（仅对用于装备接地故障抑制器电网中的仪表）

对三相四线经互感器工作、并接入配有接地故障抑制器或星形点被隔离的配电网的仪表（在产生接地故障并伴有 10％过电压的情况下，不受接地故障影响的另两线对地的电压将会上升到标称电压的 1.9 倍）应适用以下要求：

对三条相线中的某一线上模拟接地故障条件下的试验，所有电压都提高到标称电压的 1.1 倍历时 4h。试验时仪表中性端与仪表试验设备（MTE）的接地端断开而与 MET 模拟接地故障的线电压端连接（见附录 C）。这样，被试仪表不受接地故障影响的两电压端子接入了 1.9 倍标称相电压。在此试验中，设定电流线路为 50％ I_n、功率因数为 1 和对称负载。试验后，仪表应无损坏并能正确地工作。

当仪表回到正常工作温度时，测得的误差改变应不超过表 8 规定的极限。

表 8　接地故障引起的误差改变

电流值	功率因数	各等级仪表百分误差改变量极限				
		0.2	0.5	1	2	3
I_n	1	0.1	0.3	0.7	1.0	1.5

试验线路图见附录 C。

7.5　电磁兼容性（EMC）

所设计的仪表（带有电子功能装置的机电式的或完全静止式的仪表）应在传导的或辐射的电磁现象以及静电放电情况下，既不会损坏仪表也不会实质性地影响测量结果。

连续的和长时期的电磁现象作为影响量考虑，其准确度要求在相应标准中给出。

短时的电磁现象按 3.6，5 给出的定义作为骚扰考虑。

注：考虑电测量设备的电磁环境与以下的电磁现象有关：

——静电放电；

——射频电磁场；

——快速瞬变脉冲群；

——射频场感应的传导电压；

——浪涌；

——振荡波；

——无线电干扰。

试验见 7.5.1—7.5.8。

7.5.1　一般试验条件

所有这些试验除非另有规定，仪表应在其正常工作位置，盖上表盖和端子盖。所有预定接地的部分应接地。

这些试验后，仪表应无损坏并按相应标准的规定工作。

7.5.2　静电放电抗扰度试验

试验应按 GB/T 17626.2，在下列条件下进行：

——作为台式设备试验；

——仪表在工作状态：

● 电压线路和辅助线路通以参比电压；

● 电流线路无电流（开路）；

——接触放电；

——试验电压：8kV；

——放电次数：10（以最敏感的极性）；

——如因无外露金属部件而不能接触放电，则以 15kV 试验电压作空气放电。

静电放电作用应不使计度器产生大于 x 单位的改变以及测试输出不应产生大于等同 x 计量单位的信号量。关于 x 的公式见 7.1.2。

在试验中，功能或性能有短暂的降低或失去是容许的。

7.5.3　射频电磁场抗扰度试验

试验应按 IEC 61000-4-3，在下列条件下进行：

——作为台式设备试验；

——暴露于电磁场中的电缆长度：1m；

——频率范围：80MHz～2000MHz；

——在 1kHz 正弦波上以 80%调幅载波调制；

试验装置的示例见附录 E 中图 E.1。

a）有电流时的试验

——仪表在工作状态：

● 电压线路和辅助线路通以参比电压；

● 基本电流 I_b（相应的额定电流 I_n）和 $\cos\phi$（相应的 $\sin\phi$）按相应标准规定的数值；

——未调制的试验场强：10V/m。

在试验时应不使设备的状况紊乱且误差的改变应在相应标准规定的极限内。

b）无电流时的试验

——仪表在工作状态：

● 电压线路和辅助线路通以参比电压；

● 电流线路无电流且电流端应开路；

——未调制的试验场强：30V/m。

高频电磁场的作用应不使计度器产生大于 x 计量单位的改变以及测试输出不应产生大于等同 x 计量单位的信号量。关于 x 的公式见 7.1.2。

在试验中，功能或性能有短暂的降低或失去是容许的。

7.5.4　快速瞬变脉冲群试验

试验应按 GB/T 17626.4，在下列条件下进行：

——作为台式设备试验；

——仪表在工作状态：

● 电压线路和辅助线路通以参比电压；

● 基本电流 I_b（相应的额定电流 I_n）和 $\cos\phi$（相应的 $\sin\phi$）按相应标准规定的数值；

——在耦合器与 EUT 之间的电缆长度：≤1m；

——试验电压应以共模方式（线对地）作用于：

● 电压线路；

● 电流线路，如果在正常使用时与电压线路是隔离的；

● 辅助线路，如果在正常使用时与电压线路是隔离的；

——在电流线路和电压线路上的试验电压：4kV；

——在参比电压超过 40V 的辅助线路上的试验电压：2kV；

——试验时间：每一极性 60s。

误差改变应在相应标准规定的极限内。

注：准确度可以用计数的方法或其他合适的方法进行测定。

在试验中，功能或性能有短暂的降低或失去是容许的。然而仪表准确度应在相应标准规定的极限内。

试验装置的例子见附录 E 中图 E.2 和图 E.3。

7.5.5 射频场感应的传导骚扰抗扰度试验

试验应按 GB/T 17626.6，在下列条件下进行：

——作为台式设备试验；

——仪表在工作状态：

● 电压线路和辅助线路通以参比电压；

● 基本电流 I_b（相应的额定电流 I_n）和 $\cos\phi$（相应的 $\sin\phi$）按相应标准规定的数值；

——频率范围：150kHz～80MHz；

——电压水平：10V。

在试验时应不使设备的状况紊乱且误差的改变应在相应标准规定的极限内。

7.5.6 浪涌抗扰度试验

试验应按 GB/T 17626.5，在下列条件下进行：

——仪表在工作状态：

● 电压线路和辅助线路通以参比电压；

● 电流线路无电流且电流端应开路；

——浪涌发生器与仪表之间的电缆长度：1m；

——以差模方式（线对线）试验；

——相位角：在相对于交流电源零位的 60°和 240°施加脉冲；

——在电流线路和电压线路（干线）上的试验电压：4kV，发生器电源阻抗：2Ω；

——在参比电压超过 40V 的辅助线路上的试验电压：1kV；发生器电源阻抗：42Ω；

——试验次数：正极性 5 次负极性 5 次；

——重复速率：最大 1/min。

浪涌抗扰度试验电压的作用应不使计度器产生大于 x 计量单位的改变以及测试输出不应产生大于等同 x 计量单位的信号量。关于 x 的公式见 7.1.2。

在试验中，功能或性能有暂时的降低或失去是容许的。

7.5.7 衰减振荡波抗扰度试验

试验应按 GB/T 17626.12，在下列条件下进行：

——仅对经互感器工作的仪表；

——作为台式设备试验；

——仪表在工作状态：

● 电压线路和辅助线路通以参比电压；

● 额定电流 I_n 和 $\cos\phi$（相应为 $\sin\phi$）按相应标准规定的数值；

——在电压线路和参比电压超过 40V 的辅助线路上的试验电压：

● 共模方式：2.5kV；

● 差模方式：1.0kV；

——试验频率：

● 100kHz，重复速率：40Hz；

● 1MHz，重复速率：400Hz；

——试验时间：60s（对每种试验频率以 2s 开、2s 关，进行 15 个周期）。

在试验时应不使设备的状况紊乱且误差的改变应在相应标准规定的极限内。

7.5.8 无线电干扰抑制

试验应按 GB 9254，在下列条件下进行：

——作为 B 级设备；

——作为台式设备试验；

——对电压线路与每个连接器的连接，应使用长度为 1m 的无屏蔽电缆；

——仪表在工作状态：

● 电压线路和辅助线路通以参比电压；

● 电流在 $0.1I_b$（I_n）与 $0.2I_b$（I_n）之间（由线性负荷引出并以 1m 长的无屏蔽电缆连接）。试验结果应符合 GB 9254 规定的要求。

第16章 《安装式数字显示电测量仪表 第1部分：定义和通用要求》GB/T 22264.1—2008部分原文摘录

4 产品分类、分级和符合性

4.1 分类

4.1.1 按测量的电参量分类

可分为电流表、电压表、功率表、无功功率表、功率因数表、相位表、绝缘电阻表、频率表等单功能仪表和多功能仪表。

4.1.2 按电压、电流的测量方式分类

可分为方均根值测量仪表和非方均根值测量仪表。

4.1.3 按测量的相分类

可分为单相仪表和多相仪表。

4.1.4 按供电电源分类

可分为自电源仪表和带辅助电源仪表。

4.1.5 按显示方式分类

可分为全数字显示，数字显示带趋势显示（模拟指示）两种。

4.1.6 按显示位数分类

可分为 $3\frac{1}{2}$，$3\frac{3}{4}$，4，$4\frac{1}{2}$，$4\frac{3}{4}$，5，$5\frac{1}{2}$，$5\frac{3}{4}$，6，$6\frac{1}{2}$ 等。

注：凡首位显示值不足2者称1/2位，不足6者称3/4位。

4.1.7 按使用工作条件分类

按照温度和湿度的严酷程度，仪表可分为如下两个级别：

表1 使用组别

使用组别	温度的标称使用范围	相对湿度
I	−10℃~45℃（3K5级修订）	不大于93%
II	−25℃~55℃（3K6级）	

注：特殊使用范围的仪表，可在订货合同中规定其他温度范围。

4.2　分级

准确度等级指数应从 1-2-5 序列及其十进倍数和小数中选择，如 0.05、0.1、0.2、0.5、1、2 级等。

多功能仪表的每种功能可以有不同的等级指数。

对同时具有直流和交流测量功能的仪表（如电流表和电压表），可有不同的等级指数。

4.3　与本部分要求的符合性

4.3.1　检查是否遵守本部分规定的推荐的试验方法在第 8 部分中给出。当有争议时，第 8 部分的试验方法为仲裁方法。

4.3.2　如果为确定基本误差而规定作预处理，则制造厂应说明预处理时间和被测量的值。但预处理时间不得超过 30min。

4.3.3　仪表应妥善包装，以确保运输到用户后，在规定的条件下符合本部分对基本误差的要求。

5　参比条件和基本误差

5.1　参比条件

5.1.1　影响量的参比值或参比范围按表 2 的规定。

5.1.2　可以规定不同于表 2 的条件，但应按照第 9 章的规定进行标志。

表 2　参比条件及允许偏差

影响量		参比值或参比范围	试验用允许偏差
温度		23℃	±2℃
相对湿度		45%～75%	—
大气压		86kPa～106kPa	—
直流被测量的纹波		0	$\Delta V/V_0 \leqslant 2\%$ [a] 或 $\Delta I/I_0 \leqslant 2\%$ [b]
交流被测量的畸变因数		0	1%
交流被测量的峰值因数		$\sqrt{2}$	±0.05
交流被测量的频率		45Hz～65Hz	—
供电电源	交流供电电压	额定值	±5%
	交流供电频率	额定值	±1%
	交流供电波形	正弦波	$\beta = 0.05$ [c]
	直流供电电压	额定值	±5%
	直流供电电压的波纹	0	$\Delta V/V_0 \leqslant 0.2\%$ [a]

表2(续)

影响量	参比值或参比范围	试验用允许偏差
外磁场	0	40A/m[d]，频率从直流到65Hz，任意方向
射频电磁场	0	≤1V/m
射频场引起的传导骚扰	0	≤1V

[a] ΔV 是纹波电压的峰值，V_0 为直流供电电压或直流被测电压的额定值。

[b] ΔI 是纹波电流的峰值，I_0 为直流被测电流的额定值。

[c] β 为失真因子，即交流供电电压波形的失真应保持在 $(1+\beta)A\sin\omega t$ 与 $(1-\beta)A\sin\omega t$ 所形成的包络之间。

[d] 40 A/m 接近于大地磁场的最高值。

7 要求

7.1 安全要求

按 GB 4793.1—2007 中与电气安全相关的条款。

7.2 电气要求

7.2.1 自热影响

仪表应置于参比温度下，不通电，至少 4h。按照表2的参比条件通电，并在输入端加入满度值信号，在第 1min～3min 期间测量输出信号值，然后在第 30min～35min 期间再次测量输出信号值，两次测量的允许改变量不应超过仪表的准确度等级指数的 100%。

7.2.2 温升影响

仪表在下述情况下连续工作 2h，线路和绝缘体的温升不应达到影响仪表工作的温度，仪表外表面任一点的温升，在环境温度为 40℃ 时不应超过 25K。

——电压线路（若有时）加 1.2 倍上量限值电压；

——电流线路（若有时）加 1.1 倍额定电流；

——仪表不应置于通风或太阳直接照射下。

7.2.3 功率消耗

在参比工作条件下，每一电压线路和电流线路的有功功率和视在功率消耗不应超过表4中的规定值。

表 4 功率消耗

类型	自电源仪表		带辅助电源仪表	
	单功能仪表	多功能仪表	单功能仪表	多功能仪表
电压线路	2W 10VA	3W 15VA	2VA	2VA
电流线路	1VA	1VA	1VA	1VA
辅助电源	—	—	3W 15VA	5W 15VA
注:当仪表具有多路输出功能时,功耗可由供需双方协商确定。				

7.2.4 显示

7.2.4.1 应说明仪表各量程的有效显示位数和各量程的最大显示值,有极性的仪表应注明极性显示方式。

7.2.4.2 多功能仪表显示器应显示所有测量值及有关存贮的内容。

7.2.4.3 多功能仪表应具有检验显示器所有数字和字符完整性的自检功能。

7.2.4.4 当仪表未通电时,显示器可以不显示。

7.2.5 输出接口

7.2.5.1 数据输出接口

仪表可具有数据输出接口(例如变送输出、继电器输出等),制造厂应说明输出数据的技术参数和输出端的负载能力,如脉冲宽度、周期,幅值、极性等。

7.2.5.2 通信接口

仪表可具有数据通信接口(例如 RS-485/232 等通信方式),其技术要求和通信规约应符合有关标准的规定,例如 ModBus-RTU 等。

7.2.6 允许过负载

7.2.6.1 仪表宜具有过负载提示功能。

7.2.6.2 仪表的过负载恢复时间应不大于5s。

7.2.6.3 仪表过负载能力在各有关部分中规定。

7.2.7 响应时间

7.2.7.1 阶跃响应时间

仪表的阶跃响应时间应不大于4s。

7.2.7.2 极性响应时间

仪表的极性响应时间应不大于 5s。

7.2.8 干扰抑制

7.2.8.1 串模干扰抑制

仪表采用串模抑制比（SMRR）来表征对串模干扰电压的抑制能力，并按公式（3）计算：

$$\text{SMRR} = 20\lg\frac{U_{s}}{\Delta U}(\text{dB}) \tag{3}$$

式中：

U_s——串模干扰交流峰值电压；

ΔU——施加串模干扰电压前后的示值变化所对应的电压值变化。

7.2.8.2 共模干扰抑制

仪表采用共模抑制比（CMRR）来表征对共模干扰电压的抑制能力，并按公式（4）计算：

$$\text{CMRR} = 20\lg\frac{U_{C}}{\Delta U}(\text{dB}) \tag{4}$$

式中：

U_C——共模干扰直流或交流峰值电压；

ΔU——施加共模干扰电压前后的示值变化所对应的电压值变化。

7.2.8.3 不同功能仪表的串模抑制比、共模抑制比在各有关部分中规定。

7.3 准确度性能要求

7.3.1 分辨力

应说明仪表的最高分辨力，多量程仪表可具有不同的分辨力。

多功能仪表应说明各功能的分辨力。

7.3.2 重复性误差

仪表经预热和预调整后，在输入端加入满度值信号，仪表的重复性误差不应大于仪表准确度等级指数的 20%。

7.3.3 稳定性误差

7.3.3.1 短时稳定性误差

在参比条件下，仪表经预热和预调整后，在输入端加入满度值信号，仪表的短时稳定性的最大差值不应大于仪表准确度等级指数的 20%。

7.3.3.2　长时稳定性误差

在参比条件下，仪表经预热和预调整后，在输入端加入满度值信号，仪表的长时稳定性的最大差值不应大于仪表准确度等级指数的 50%。

7.4　电磁兼容性

7.4.1　对电磁骚扰的抗扰度

7.4.1.1　仪表在传导、辐射等电磁骚扰的影响下，不损坏或不受实质性影响。经电磁兼容试验后，仪表能准确、可靠地工作。

7.4.1.2　骚扰量包括：静电放电、射频电磁场、电快速瞬变脉冲群、射频场感应的传导骚扰、浪涌电压和阻尼振荡波及电压暂降、短时中断和电压变化。

7.4.1.3　各骚扰量的试验按照 GB/T 17626 相应标准的规定执行，试验等级按表 5 的规定。

7.4.1.4　进行各骚扰量的试验时，不同功能仪表在电压线路与电流线路施加的电压与电流在各部分中规定。

表 5　电磁兼容试验等级

电磁兼容项目	试验等级
静电放电	4
射频电磁场辐射	3（频率范围 80MHz～2GHz）
电快速瞬变脉冲群	2
射频场感应的传导骚扰	3
浪涌（冲击）	4
振荡波	3
电压暂降、短时中断	0%UT，持续时间 50 周期 40%UT，持续时间 50 周期
电压变化	0%UT

注：对于直流供电的仪表，不必进行辅助电源回路的电快速瞬变脉冲群试验。

7.4.2　无线电干扰抑制

无线电干扰的限值按 GB 9254—1998 中 B 级设备的规定。

进行无线电干扰的试验时，不同功能仪表在电压线路与电流线路施加的电压与电流在各部分中规定。

7.5 机械要求

7.5.1 表壳

仪表的表壳应有良好的表面处理,不得有镀层脱落、锈蚀、霉斑等现象,也不应有划伤、沾污等痕迹,不允许有明显变形损坏或缺件。

仪表的表壳上宜具有一个或多个封印,只有破坏封印才能打开表壳。

7.5.2 按键、按钮

仪表面板或仪表外部可具有一个或多个按键、按钮等,按键、按钮应灵活可靠,无卡死或接触不良的现象。

7.5.3 可调整机构

仪表如具有可调整机构,应保证在不打开表壳的情况下,可进行预调整或校准;可调整机构不应松动、破损或自行改变位置。

7.5.4 防尘和防水

仪表面板应符合 GB 4208—2008 中规定的防护等级 IP52。

7.5.5 振动试验

按 GB/T 7676.1—1998 中 7.6.1 的规定,振动影响引起的改变量不应超过仪表的准确度等级指数的 100%。

7.5.6 冲击试验

按 GB/T 7676.1—1998 中 7.6.2 的规定,冲击影响引起的改变量不应超过仪表的准确度等级指数的 100%。

7.6 气候影响试验

7.6.1 工作温度极限值

a) Ⅰ组仪表:−25℃和+55℃;

b) Ⅱ组仪表:−40℃和+70℃。

7.6.2 耐热和阻燃

仪表结构件应具备合理的防火焰蔓延措施,不应由于与其接触的带电元件的热过载而着火。耐热和阻燃试验应按 GB/T 5169.10—2006 的规定,并以下列温度进行:

——端子座:960℃±15℃;

——表壳:650℃±10℃;

——作用时间：30s±1s。

可在任一随机位置与灼热线接触。如果端子座与表壳为一整体，则可仅对端子座进行试验。

7.6.3　高温

仪表在非工作状态、无包装条件下，应承受温度为 70℃±2℃ 持续时间为 72h 的试验，试验完成后，仪表不应出现损坏和信息改变，恢复到参比条件后，仪表能准确地工作。

试验按 GB/T 2423.2—2001 进行。

7.6.4　低温

仪表在非工作状态、无包装条件下，应承受温度为 —25℃±3℃ （Ⅰ组）或 —40℃±3℃ （Ⅱ组）持续时间为 72h（Ⅰ组）或 16h（Ⅱ组）的试验，试验完成后，仪表不应出现损坏和信息改变，恢复到参比条件后，仪表能准确地工作。

试验按 GB/T 2423.1—2001 进行。

7.6.5　交变湿热

仪表在供电电源线路施加额定电压值、测量线路不施加信号（自电源仪表的电压回路除外）情况条件下，进行高温温度为 +40℃±2℃ （Ⅰ组）或 +55℃±2℃ （Ⅱ组）的 6 个周期的试验。

试验完成后，仪表不应出现损坏和信息改变，恢复到参比条件后，仪表能准确地工作。

试验终止后 24h，仪表应满足 7.1 规定的安全要求。

试验按 GB/T 2423.4—2008 进行。

7.7　平均寿命

仪表在本部分规定的条件下安装使用时，其平均寿命（MTBF）应不低于 10 年，相应的平均寿命下限值（m_L）应不低于 $2.19×10^4$h。

8　包装、贮存与运输

8.1　包装

仪表的包装宜采用符合环保要求的材料，包装要求应符合 GB/T 15464—1995 的规定。

8.2 贮存与运输

仪表的运输和贮存应符合 JB/T 9329—1999 的规定。贮存的环境温度为 $-25℃ \sim 50℃$，相对湿度不超过 85%，且在空气中含有的有害物质不足以引起仪表的腐蚀。

第 17 章 《安装式数字显示电测量仪表第 2 部分：电流表和电压表的特殊要求》GB/T 22264.2—2008 部分原文摘录

7.2 电气要求

7.2.6 允许过负载

7.2.6.1 仪表应具有"超量限指示"的功能。

7.2.6.2 仪表的过负载恢复时间应不大于 5s。

7.2.6.3 允许过负载能力

7.2.6.3.1 连续过负载能力

仪表的输入线路能承受 2h 的连续过负载：

a）电压输入线路为测量范围上限值的 120%；

b）电流输入线路为测量范围上限值的 120%。

当过载撤销并恢复到参比温度后，仪表应符合其准确度等级要求。

7.2.6.3.2 短时过负载能力

仪表能承受短时过负载，当过载撤销恢复到参比温度后，应符合其准确度等级的要求。

在参比条件下进行试验，施加给仪表的短时过量输入应按表 2 规定。试验线路基本上是无电抗的：

a）短时过负载的电流值和电压值应是表 2 规定的有关因数和输入量上限值的乘积，制造厂另有规定值者除外。

b）除了仪表内的自动断路器（熔丝）中断电路的时间小于表 2 规定的时间的仪表外，每次过负载应施加全部的持续时间。

施加下一次过负载以前，自动断路器应予以复位（或更换熔丝）。

表2 短时过负载

仪表	电流的因数	电压的因数	过负载次数	每次过负载持续时间/s	相继过负载之间的间隔时间/s
电流表	10	—	9	0.5	60
	10	—	1	5	—
电压表	—	2	9	0.5	60
	—	2	1	5	—
注:凡规定有两个试验序列者,二者均应按表所示序列依次进行试验。					

7.2.7 响应时间

响应时间按 GB/T 22264.1—2008 的规定。

7.2.8 干扰抑制

7.2.8.1 直流电压表的串模干扰抑制能力

a) 串模干扰抑制比 SMRR 应不小于 50dB;

b) 最高串模干扰电压不大于 500V;

c) 串模干扰电压的频率 50Hz±0.5Hz。

7.2.8.2 共模干扰抑制能力

a) 有接地端应给出直流干扰抑制比和交流干扰抑制比的数值,CMRR 应不小于 70dB。

b) 交流共模干扰电压的规定频率范围。如:50Hz±0.5Hz,或 50Hz ±1Hz。

c) 应给出允许的最大共模干扰电压值(交流为峰值)。

7.4 电磁兼容性

7.4.1 对电磁骚扰的抗扰度

对电磁骚扰的抗扰度按表3和 GB/T 22264.1—2008 的 7.4.1 的规定。

进行各骚扰量试验时,仪表在电压线路/电流线路应施加:

——电压表加满度值电压;

——电流表加满度值电流。

表3 电磁兼容引起的允许改变量

电磁兼容项目	允许的改变量
电快速瞬变脉冲群	$\pm 2 \times (a\%U_x + b\%U_m)$

7.4.2 对无线电干扰抑制

在无线电干扰试验时，仪表在电压线路/电流线路应施加：

——电压线路（含辅助电源）（若有时）加满度值电压；

——电流线路加满度值电流。

第18章 《安装式数字显示电测量仪表第3部分：功率表和无功功率表的特殊要求》GB/T 22264.3—2008部分原文摘录

7.2 电气要求

7.2.6 允许过负载

7.2.6.1 仪表应具有"超量限指标"的功能。

7.2.6.2 仪表的过负载恢复时间应不大于5s。

7.2.6.3 允许过负载能力

7.2.6.3.1 连续过负载能力

功率表和无功功率表的输入线路应能承受2h的连续过负载；

a) 电压输入线路为测量范围上限值的120%；

b) 电流输入线路为测量范围上限值的120%。

当过载撤销并恢复到参比温度后，仪表应符合其准确度等级要求。

7.2.6.3.2 短时过载能力

仪表应能承受短时过负载。当过载撤销并恢复到参比温度后，仪表应符合其准确度等级要求。

在参比条件下进行试验，施加给仪表的短时过量输入应按表3的规定。试验线路基本上是无电抗的，其中规定试验一项以上的应按表3中规定的次序进行：

a) 短时过负载的电流值和电压值应是表3规定的有关因数与输入量额定值或参比范围上限值的乘积，制造厂另有规定值除外；

b) 除了仪表内的自动断路器（熔丝）中断电路的时间小于表3规定的时间的仪表外，每次过负载应施加全部的持续时间。

施加下一次过负载以前，自动断路器应予以复位（或更换熔丝）。

表 3 短时过负载

电流因数	电压因数	过负载次数	每次过负载持续时间/s	相继过负载之间的间隔时间/s
等级指数等于和小于 0.2				
1	2	1	5	—
2	1	5	0.5	15
等级指数等于和大于 0.5				
10	1	9	0.5	60
10	1	1	5	—
1	2	1	5	—
注:规定有 2 组或 3 组试验,所有试验应按规定顺次施行,短时过负载同时施加于多相功率表和无功功率表的所有测量元件。				

7.2.7 响应时间

响应时间按 GB/T 22264.1—2008 的规定。

7.2.8 共模干扰抑制能力

a) 有接地端应给出直流干扰抑制比和交流干扰抑制比的数值,CMRR 应不小于 70dB。

b) 交流共模干扰电压的规定频率范围。如:50Hz±0.5Hz,或 50Hz ±1Hz。

c) 应给出允许的最大共模干扰电压值(交流为峰值)。

7.4 电磁兼容性

7.4.1 对电磁骚扰的抗扰度

对电磁骚扰的抗扰度按表 4 和 GB/T 22264.1—2008 的 7.4.1 的规定。

进行个骚扰量试验时,仪表在电压线路/电流线路应施加:

——电压线路加满度值电压;

——电流线路加额定值电流。

表 4 电磁兼容引起的允许改变量

电磁兼容项目	允许的改变量
电快速瞬变脉冲群	$\pm 2 \times (a\% U_x + b\% U_m)$

7.4.2 对无线电干扰抑制

在无线电干扰试验时,仪表在电压线路/电流线路应施加:

——电压线路（含辅助电源）加满度值电压；

——电流线路加额定值电流。

第 19 章 《安装式数字显示电测量仪表 第 4 部分：频率表的特殊要求》 GB/T 22264.4—2008 部分原文摘录

7.2 电气要求

7.2.6 允许过负载

7.2.6.1 仪表应具有"超量限指示"的功能。

7.2.6.2 仪表的过负载恢复时间应不大于 5s。

7.2.6.3 允许过负载能力

7.2.6.3.1 连续过负载能力

频率表能承受 2h 的连续过负载：

a) 电压输入线路为额定值电压 120% 或参比范围上限值的 120%，其他影响量在参比条件下；

b) 在测量范围内任意频率。

当过载撤销并恢复到参比温度后，仪表应符合其准确度等级要求。

7.2.6.3.2 短时过载能力

频率表应能承受电压的短时过负载。当过载撤销并恢复到参比温度后，仪表应符合其准确度等级的要求；

在参比条件下进行试验，施加给仪表的短时过量输入应按表 3 规定。试验线路基本上是无电抗的；

a) 短时过负载的电压值应是表 3 规定的有关因数与额定电压值或电压参比范围上限值的乘积，制造厂另有规定值除外；

b) 除了仪表内的自动断路器（熔丝）中断电路的时间小于表 3 规定的时间的仪表外，每次过负载应施加全部的持续时间。

施加下一次过负载以前，自动断路器应予以复位（或更换熔丝）。

表 3　短时过负载

电压的因数	过负载次数	每次过负载持续时间/s	相继过负载之间的间隔时间/s
2	9	0.5	60
2	1	5	—
注:规定有两组试验系列时,应按规定顺次进行试验。			

7.2.7　响应时间

响应时间按 GB/T 22264.1—2008 的规定。

7.2.8　共模干扰抑制能力

a) 如有接地端应给出直流干扰抑制比和交流干扰抑制比的数值,CMRR 应不小于 70dB。计算公式按 GB/T 22264.1—2008 的规定。

b) 应给出交流共模干扰电压的规定频率范围。如:$50Hz\pm0.5Hz$,或 $50Hz\pm1Hz$。

c) 应给出允许的最大共模干扰电压值（交流为峰值）。

7.4　电磁兼容性

7.4.1　对电磁骚扰的抗扰度

对电磁骚扰的抗扰度按表 4 和 GB/T 22264.1—2008 的 7.4.1 的规定。

进行各骚扰量试验时,仪表在电压线路施加:

——额定值电压;

——测量范围上限值频率。

表 4　电磁兼容引起的允许改变量

电磁兼容项目	允许的改变量
电快速瞬变脉冲群	$\pm2\times(a\%U_x+b\%U_m)$

7.4.2　对无线电干扰抑制

在无线电干扰试验时,仪表在电压线路施加;

——额定值电压;

——测量范围上限值频率。

第4篇 产品介绍及价格估算

第1章 产品介绍

1.1 产品1简介

1.1.1 中低压智能变配电管理系统

SmartPM3000 中低压智能变配电管理系统采用现代计算机控制技术、自动化技术和网络技术等，通过高效可靠的通信设备，对智能配电设备的运行数据、状态信息进行采集和管理，经过系统软件组态，最终有效提高供配电系统的可靠性以及运营管理水平。

系统基于"三层分布，两个网络，一体集成"的架构。即由设备层、通信层及主站层三个不同层次中的设备，通过现场 RS 485 总线网及以太网两个网络连接形成一个有机整体。

系统主要技术指标：

1. 系统实时响应指标

控制命令操作时间：≤1s；

模拟量信号刷新周期：≤3s；

开关量信号刷新周期：≤2s；

全系统实时数据刷新周期：≤2s；

画面响应时间：实时数据≤1s，非实时数据≤2s；

动态数据刷新周期：1s。

2. 状态信号指标

全站断路器、继电保护状态量 SOE 分辨率≤1ms；

其他状态量 SOE 分辨率≤1s。

3. 实时数据库容量

模拟量：＞60000 点；

开关量：＞40000 点；

遥控量：＞8000 点；

电度量：＞20000 点。

4. 历史数据库存储容量

历史曲线采样间隔：1s～30min；

历史趋势曲线，日报，月报，年报存储时间≥5a（或根据硬盘容量而定）。

5. 系统可靠性指标

系统可用率≥99.99%；

遥控执行可靠率≥99.99%；

系统平均无故障时间（MTBF）：≥50000h；

数据采集及控制装置平均无故障时间（MTBF）：＞50000h。

1.1.2　通信层设备

1. 智能通信管理机

通信主要设备为 PMAC 3200 系列通信管理机，通信管理机主要放置在通信层，该层是数据信息交换的桥梁，负责对现场设备回送的数据信息进行采集、分类和传送等工作的同时，转达上位机对现场设备的各种控制命令。其性能指标如表 4.1-1 所示。

PMAC 3200 系列通信管理机性能指标　　表 4.1-1

网络接口	2 路独立 10M/100M 网络，RJ45
串行端口	16/8/4 路 RS 232 端口，RJ45
转接电缆	专用型 RJ45-DB9 线缆，可靠连接
串口速率	300bps～38.4kbps，可编程设置
状态显示	面板 LED，反映串口数据收发状态
规约支持	IEC60870-5-101/102/103/104、DNP3.0、Modbus-RTU、Modbus-TCP、SPABUS、SC1801、CDT 等 30 种规约
特殊规约	可根据产品协议进行开发
数据库容量	模拟量≤10000 点，数字量≤20000 点，可控量＜1000 点，累加量＜500 点，计算量＜500 点
配置工具	专用 TBE 配置软件，中文操作界面
快速脉冲群抗扰度	IEC61000-4-4，Level3

续表

浪涌抗扰度	IEC61000-4-5，Level3
静电抗扰度	IEC61000-4-2，Level3
标准工作温度	−10～55℃，10％～90％无凝露
极限工作温度	−25～55℃，10％～90％无凝露
存储温度	−40～70℃，10％～90％无凝露
工作电源	85～265Vac/80～300Vdc
安装方式	19 寸机架安装，1U 高度
外观尺寸	465mm×204mm×45mm

2. 光电转换器

通信层和主站层的光纤通信采用单模光电转换器实现，配置光电转换器，其性能指标如表 4.1-2 所示。

光电转换器性能指标 表 4.1-2

网络接口	2 个 10/100Base-TX 自适应的 RJ45 接口，一个单模 100Base-FX 半双工光纤接口
速率	100M 线速存储和转发
工作电源	220VAC
符合标准	IEEE802.3 与 IEEE802.3U 标准
地址 内存	1K MAC 地址表，1M 缓冲内存
安装方式	导轨安装 DIN35mm

3. 以太网交换机

在监控室配置工业级以太网交换机，连接各通信管理机和后台监控主机，保证以太网链路的可靠性，实现数据共享集中上传。配置 8 以太网端口的工业网络交换机。其性能指标如表 4.1-3 所示。

以太网交换机性能指标 表 4.1-3

网络接口	8 个 10/100BaseT(X)（RJ45 端口）
工作电源	电源输入支持 24VDC 或 24VAC
符合标准	支持 IEEE 802.3/ 802.3u/ 802.3x
外观尺寸	40mm×109mm×95mm
安装方式	导轨安装 DIN35mm

1.1.3　现场层设备

1. 中压综合保护装置

PMAC 835 系列保护装置适用于 10/6kV 中低压配电网及工矿企业、交通运输、智能大厦、住宅小区等场合的电力线路或设备的综合保护，具备完善的保护、控制与监视功能（见表 4.1-4），为中低压配电网及用户配电系统提供完整的保护、控制、测量和通信的解决方案。其性能指标和产品尺寸如表 4.1-5 和表 4.1-6 所示。

PMAC 835 系列保护装置主要功能　　　　　表 4.1-4

功能	功能说明	PMAC835L	PMAC835T	PMAC835M
保护配置	速断保护	●	●	●
	过流 I 段	●	●	●
	过流 II 段	●	●	●
	反时限过流	●	●	●
	过负荷	●	●	●
	负序过流			●
	零序过流	●	●	●
	启动时间长			●
	过热保护			●
	堵转保护			●
	过压保护			●
	低压保护	●	●	●
	重合闸	●		
	过流加速	●		
	低周减载	●		
	TV 断线	●	●	●
	控制回路断线监视	●	●	●
	弹簧储能监视	●	●	●
	非电量保护	●	●	●
模拟量输入	10 路模拟量输入	●	●	●
开关量输入	12 路开关量输入	●	●	●
继电器输出	7 路继电器输出	●	●	●

功能	功能说明	PMAC835L	PMAC835T	PMAC835M
测量功能	电压、电流、频率、功率、电能	●	●	●
故障录波	8 次故障录波记录，录波长度为 20 周波	●	●	●
事件记录	保存 128 条事件记录：保护事件 32 条，遥信事件 64 条，装置操作事件 32 条	●	●	●
统计功能	统计设备运行总时间，当前合闸总时间，合闸次数。	●	●	●
通信方式	1 路 RS 485 通信口，可选 Modbus 及 103 规约	●	●	●

选型标准：PMAC835-□-□-□-□。

第一个□表示产品选型：L、T、M，L——微机型线路保护测控装置；T——微机型变压器保护测控装置；M——微机型电动机保护测控装置。

第二个□表示额定电流：1——额定电流为 1A，5——额定电流为 5A。

第三个□表示零序额定电流：1——零序额定电流为 1A，5——零序额定电流为 5A。

第四个□表示激励电源：A——外部 220Vdc，B——外部 220Vac，C——内部 24Vdc。

PMAC 835 系列保护装置性能指标　　　　表 4.1-5

工作电源	AC/DC85-265V 通用
交流电输入	额定相电流：5A 或 1A；额定零序电流：1A；额定交流线电压：100V；额定频率：50Hz 或 60Hz
继电器输出	电磁式继电器 闭合：5A 电流，可连续工作；30A 电流，允许 0.2s 过载持续时间 开断（循环）容量：250V，0.2A，$L/R=40$ms
功率消耗	电流回路：≤1VA/相（额定 5A 时）或≤0.5VA/相（额定 1A 时）； 电压回路≤0.5VA/相（额定时）； 电源回路≤8W
开关量输入	激励方式：外部 220Vdc、220Vac、内部 24Vdc

过载能力	交流电流回路:2 倍额定电流,连续工作;10 倍额定电流,允许 10s 过载时间; 40 倍额定电流,允许 1s 过载持续时间; 交流电压回路:2 倍额定电流,连续工作;3 倍额定电流,允许 10s 过载持续时间
环境温度	−25~+55℃
相对湿度	5%~95%
大气压力	70~110kPa
储存温度	−40~+85℃
电流定值误差	<±3% 或 50mA(额定 5A 时)、<±3% 或 10mA(额定 1A 时)
电压定值误差	<±3% 或 1V
延时定值误差	<±3% 或 45ms
速断保护动作时间	<45ms
频率定值误差	<±0.02Hz
方向角度误差	<±2°
遥信分辨率	1ms

PMAC 系列保护装置产品尺寸　　　　表 4.1-6

安装	面板尺寸(mm)			壳体尺寸(mm)			开孔尺寸(mm)	
	宽(W_1)	高(H_1)	深(D_1)	宽(W_2)	高(H_2)	深(2_2)	宽(W_3)	深(H_3)
屏面安装	162	162	24	147	138	170	150	139

2. 低压电力测量仪表

PMAC 625 三相交流智能数显仪表适用于 0.5kV 以下低压系统。该仪表广泛适用于各行业供配电场所、能源管理、自动化以及智能化网络监控系统等。其主要功能、性能指标、产品尺寸如表 4.1-7~4.1-9 所示。

PMAC 625 三相交流智能数显仪表主要功能　　　　表 4.1-7

功　能	说　明
基本功能	三相交流电流、相/线电压、有功/无功功率、有功/无功电度、功率因数、频率; 数码管显示,本地数据查询; 电流变比可编程; 优良的温度特性和工作稳定性; 适用于三相四线制; 适用于 05kV 以下电压等级; RS 485 通信
扩展功能	支持 2 路有源开关量输入; 支持 2 路继电器输出; 支持 2 路 4~20mA 模拟量输出; 支持 1 路 RS 485 通信接口,Modbus 协议

选型标准：PMAC625-□-□-□。

第一个□表示测量功能：I——电流；U——电压；P——电流、电压、有功功率；Q——电压、电流、无功功率；K——功率因数；F——频率；W——电流、电压、有功电度、功率因数；Z——电流、电压、有功/无功功率、功率因数、频率、有功/无功电度。

第二个□表示扩展功能：S——2路有源开关量输入；RJ——2路继电器输出，数码管闪烁报警（智能报警）；R——2路继电器输出；A——2路4～20mA模拟量输出；C——1路RS485通信。注：RJ、R、A不同时选择。

第三个□表示额定测量参数：V3——3x220/380V，5A；V4——3x220/380V，1A；V5——3x120/208V，5A；V6——3x240/415V，5A；V7——3x277/480V，5A。

PMAC 625 三相交流智能数显仪表性能指标　　　表 4.1-8

执行标准	GB/T 22264.2008、GB/T 17215-2008
准确度	电压、电流 0.2 级，有功功率 0.5 级，有功电度 0.5s
工作电源	85～265Vac/80～300Vdc，整机功耗＜2VA
工频耐压	AC2kV/min～1mA 输入-输出-电源
绝缘电阻	＞50MΩ
冲击电压	5kV(峰值)，1.2/50μs
额定输入	电流 1A 或 5A，频率 50/60Hz
过载能力	电压、电流 1.2 倍/连续，电流 10 倍/1s，电压 2 倍/1s
通信端口	RS 485 通信
通信协议	Modbus 协议
通信速率	4800/9600bps
通信地址	1～247
开关量输入	最多 2 路，外部提供电源 220Vac±25％
继电器输出	最多 2 路，节点容量 250Vac/5A，30Vdc/5A
快速脉冲群抗扰度	IEC61000-4-4，Level4
浪涌抗扰度	IEC61000-4-5，Level4
静电抗扰度	IEC61000-4-2，Level4

标准工作温度	$-10 \sim +55 \text{℃}$
极限工作温度	$-25 \sim +55 \text{℃}$
储存温度	$-40 \sim +70 \text{℃}$
相对湿度	$5\% \sim 95\%$ 无凝露

PMAC 625 三相交流智能数显仪表产品尺寸　　　表 4.1-9

安装	面板尺寸（mm）			壳体尺寸（mm）			开孔尺寸（mm）	
	宽(W_1)	高(H_1)	深(D_1)	宽(W_2)	高(H_2)	深(D_2)	宽(W_3)	深(H_3)
屏面安装	96	96	17.6	89.5	89.5	65	90	90

3. 导轨式安装电测量仪表

PMAC 901 系列导轨式电能表是新型单相多功能电子式电能表，采用微电子技术与进口专用大规模集成电路，应用数字采样处理技术及 SMT 工艺等先进技术，可直接精确地测量额定频率为 50Hz/60Hz 的交流有功电能，由 LCD 显示总用电量，具有可靠性好、体积小、重量轻、外形美观、安装灵活方便等特点。其主要功能、性能指标、产品尺寸如表 4.1-10～4.1-12 所示。

PMAC 901 系列导轨式电能表主要功能　　　表 4.1-10

基本功能	测量单相电压、电流、有功功率、功率因数、频率、有功电度、无功电度等； LCD 液晶 6+1 位显示； 1 路无源脉冲输出，输出信号符合 DIN43864 标准； LED 灯指示脉冲； 断相、反向电度、通信状态； 标配 1 路 RS 485 通信，Modbus 协议； 历史电度统计功能
扩展功能	测量精确度、额定电流、额定电压、复费率等功能可以选择

选型标准：PMAC901-□-□-□-□。

第一个□表示准确度：1——有功电度 1 级；0.5S——有功电度 0.5S级，注：5A 可选 1 级和 0.5S 级，40A、60A、100A 只有 1 级。

第二个□表示额定电流：40——10（40）A；60——10（60）A；100——20（100）A；5——内置 5ACT，当额定电流大于 100A 采用外部CT 时选用。

第三个□表示扩展功能：F——复费率电度，提供尖峰平谷复费率电度值。

第四个□表示额定电压：V1——220V；V2——110V。

PMAC 901 系列导轨式电能表性能指标　　　　表 4.1-11

执行标准	GB/T 17215-2008、IEC 62053:2003
准确度	电压、电流 0.2 级,有功功率 0.5 级,有功电度 1 级/0.5S 级
额定电压	220V、110V,整机功耗＜2VA
额定电流	5A,10(40)A,10(60)A,20(100)A
输入频率	50Hz/60Hz
冲击电压	5kV(峰值),1.2/50μs
绝缘性能	工频交流电压 2kV,冲击电压 5kV
快速脉冲群抗扰度	IEC61000-4-4,Level4
浪涌抗扰度	IEC61000-4-5,Level4
静电抗扰度	IEC61000-4-2,Level4
辐射抗扰度	IEC61000-4-3,Level3
振荡波抗扰度	IEC61000-4-12,Level4
阻尼振荡磁场干扰	IEC61000-4-6,Level4
电源电压突降和电压终端	符合 GB/T 15153.1-1998
标准工作温度	−10～+55℃
极限工作温度	−25～+55℃
储存温度	−40～+70℃
相对湿度	5%～95%无凝露

PMAC 901 系列导轨式电能表产品尺寸　　　　表 4.1-12

安　装	外观尺寸(mm)		
	宽(W_1)	高(H_1)	深(D_1)
导轨安装	75	102	65

1.2　产品 2 简介

1.2.1　电能管理系统

Acrel-3000 智能配电系统通过分散式装置（高压微机保护、多功能仪表）和传感器采集供电系统各回路和设备的模拟量、开关量、温度等状态量，借助通信网络和电能管理软件把整个供电系统仿真到计算机，实时了解供电系统的状态以及每个环节的运行状态，提供图形、报表等分析工具。电能管理系统结构图如图 4.1-1 所示。

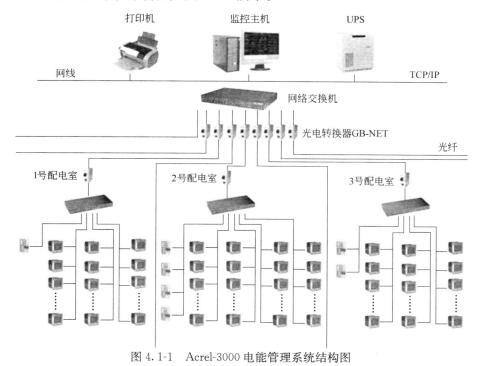

图 4.1-1　Acrel-3000 电能管理系统结构图

1.2.2　通信层设备

　　ANet-Lx 系列负责把现场层智能保护、测控单元的数据采集和解析，再将这些信息上传到当地监控系统和远动通信服务器，完成遥信、遥测。接收当地监控系统和远动通信服务器下达的命令并转发给现场前置层智能保护、测控单元，完成遥控和遥调（见表 4.1-13）

ANet-Lx 系列主要功能　　　　　　　　表 4. 1-13

网络接口	2 路以太网
串行端口	16/8 路 RS 232/485/422 端口，RJ45
规约支持	Modbus-RTU、101、103、104 规约

1.2.3 现场层设备

1. 中压综合保护装置

AM 系列保护装置集保护、测量、控制于一体，适用于 35kV 及以下电压等级的用户终端变电所，可实现用户变电所的全面保护和测控。具备独立的高精度电流测量回路。多路开关量采集和继电器输出。其主要功能和性能指标如表 4.1-14 和表 4.1-15 所示。

AM 系列保护装置主要功能　　　　　　　　　表 4.1-14

功能	型号	主要功能	名称	应用场合
保护配置	AM5-F	速断保护、过流保护、零序过流、反时限过流、过负荷、控制回路异常报警、PT 断线报警、重合闸、低频减载、过流加速、低压保护	线路保护	进/馈线
	AM5-T	速断保护、过流保护、零序过流、反时限过流、过负荷、控制回路异常报警、PT 断线报警、超温跳闸、过温报警	变压器保护	厂用变压器
	AM5-M	速断保护、过流保护、零序过流、反时限过流、过负荷、控制回路异常报警、PT 断线报警、低压保护、堵转保护、零序过压保护、启动时间过长保护、过热保护、负序过流、非电量保护	电动机保护	电动机
模拟量输入		12 路模拟量输入		
开关量输入		16 路开关量输入		
继电器输出		7 路继电器输出		
测量功能		电压、电流、频率、功率、电能		
通信方式		2 路通信口，可选 Modbus 及 103 规约		

AM 系列保护装置性能指标　　　　　　　　　表 4.1-15

工作电源	AC220V/DC220V/DC110V
交流电输入	额定相电流:5A;额定交流线电压:100V、$100/\sqrt{3}$ V;额定频率:50Hz
继电器输出	导通电流:5A 电流,可连续工作;30A 电流,允许 0.2s 过载持续时间 开断容量:≥30W,$L/R=40$ms
功率消耗	电流回路:≤0.5VA/相; 电压回路≤0.5VA/相; 电源回路≤10W
开关量输入	AC220V、DC220V、DC110V、DC24V
过载能力	交流电流回路:2 倍额定电流,连续工作;40 倍额定电流,允许 1s 过载时间; 交流电压回路:1.2 倍额定电流,连续工作;2 倍额定电流,允许 10s 过载持续时间

环境温度	$-10\sim+55℃$
相对湿度	$5\%\sim95\%$
储存温度	$-25\sim+70℃$

2. 低压电力测量仪表

ACR 330EL 网络电力仪表是针对电力系统、工矿企业、公共设施、智能大厦的电能管理需求而设计的。其主要功能、性能指标和产品尺寸如表 4.1-16～表 4.1-18 所示。

ACR 330EL 网络电力仪表主要功能　　　　表 4.1-16

功　能	说　明
基本功能	三相交流电流、相/线电压、有功/无功功率、有功/无功电度、功率因数、频率、四象限电能； LCD 显示； 适用于三相四线制； 适用于 05kV 以下电压等级
可选辅助功能	支持 4 路有源开关量输入； 支持 2 路继电器输出； 支持 2 路 4-20mA 模拟量输出； 支持 1 路 RS 485 通信接口，Modbus 协议； 复费率电能统计； 一路报警； 最大需量； 事件记录

ACR 330EL 网络电力仪表技术指标　　　　表 4.1-17

输入		网络	单相、三相三线、三相四线
	电压	额定值	AC100V、400V
		过负荷	1.2 倍,持续；瞬时 2 倍,1s
		功耗	$>0.2VA$
		阻抗	$<200k\Omega$
	电流	额定值	AC1A、5A
		过负荷	1.2 倍,持续；瞬时 10 倍,10s
		功耗	$<0.2VA$
		阻抗	$<0.1\Omega$
	频率		50Hz,60Hz

续表

输出	电能脉冲	2 路脉冲输出,10000imp/kWh、40000imp/kWh、160000imp/kWh
	通信	RS 485/Modbus-RTU、Profibus-DP
电源	范围	AC80-270V、DC90-350V
	功耗	<1W
工频耐压		2kV/1min
抗干扰性能		符合 GB 6162
环境	常规仪表	工作温度：－10～＋55℃；存储温度：－20～＋70℃；相对湿度：5%～95%不结露；无腐蚀性气体场所；海拔高度：2500m
精度等级		电流、电压：0.2 级；功率、有功电能：0.5 级；频率 0.05Hz；无功电能：1 级

ACR 330EL 网络电力仪表产品尺寸　　　　表 4.1-18

安装	面板尺寸(mm)			开孔尺寸(mm)	
	宽(W_1)	高(H_1)	深(D_1)	宽(W_3)	深(H_3)
屏面安装	96	96	－	88	92

3. 导轨式安装电测量仪表

单相 DDSD 1352 计量表导轨式安装，LCD 显示，测量电能及其他电参数见表（4.1-19）。

单相 DDSD 1352 计量表主要功能　　　　表 4.1-19

基本功能	测量单相电压、电流、有功功率、功率因数、频率、有功电能等； LCD 显示； 可编程,精度 1 级,2 个模数,电流规格 10(60A),直接接入 标配 1 路 RS485 通信,Modbus 协议
扩展功能	复费率等功能可以选择。

1.3　产品 3 简介

1.3.1　电能管理系统

1. 概述

PowerVision 电能管理系统采用分层分布式网络结构，分为现场测控层、网络通信层和系统管理层。

系统管理层高低压变电站值班室内，实现配电室电力设备的集中监控，变电所监控设备通过建立 100M 以太网通信网络，实现配电室现场测控层数据上传系统管理层；10kV 采用保护装置、低压采用网络型智能仪表 DIRISA40 对进线柜/母联柜和馈线回来进行监控，就近安装于电力开关柜内。同时，通过智能通信接口，实现对保护装置、智能直流屏、变压器温控仪、柴油发电机等的监控。

电能管理系统是一个相对独立的子系统，预留给楼控系统的通信接口，可以实现与楼控系统或其他系统互联。

2. 电能管理系统可实现的功能

（1）掌握变电所电力设备运行情况。

（2）系统内部能够实现统一的监控平台，能够得到系统内部全部参数的实时数据；对整个供配电系统的智能化管理，能够对供配电系统中所有电气设备的运行状态进行安全、可靠、准确地实时监视，实现系统故障、异常实时报警并具有故障追忆功能。

（3）对电能管理系统中各种状态监测、历史数据生成报表，系统可以设计和管理多种报表样式，实现日、周、月、年负荷报表管理。

（4）能够加强用电负荷控制和电能成本统计分析、汇总。

（5）实现单位能耗对比、重要负荷对比、同类负荷用电能耗对比，以图表、棒图、曲线图进行分析并体现，实现可视化管理。

（6）提高电能统计数据的精度与实时性。

（7）实现了对电能能耗指标的评估和电能消耗结构分析及电能消耗成本分摊。

（8）能够准确、及时地进行事件顺序记录、各种图表的汇总、分类、输送或上报，并具有打印、存盘和光盘刻录存储功能。

（9）使设备优化运行，降低维护成本。

（10）有效控制电能消耗成本。

（11）提高电气系统运行管理效率。

（12）数据记录和故障数据记录。

（13）提高电能管理系统运行管理效率，大幅提升管理水平。

（14）为企业发现有节能机会提供了可能。

（15）可实现信息的扩展与互联，可实现与其他系统无缝连接。

（16）实现各变电站无人或少人值班。

3. 电能管理系统网络结构（见图4.1-2）

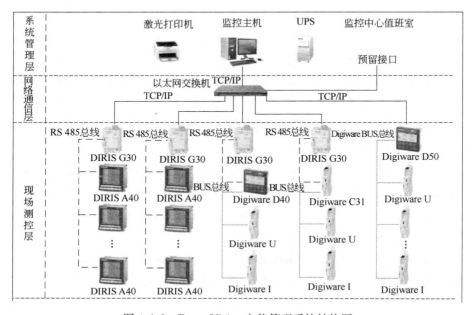

图4.1-2　PowerVision电能管理系统结构图

电能管理系统采用分层分布式网络结构，系统自下而上共分三层：设备测控层、网络通信层和系统管理层（见图4.1-3）。

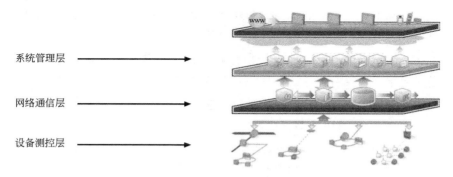

图4.1-3　分层分布式网络结构

（1）设备测控层：是指直接采集现场设备数据并具备上传功能的现场监控设备，包括高压综合保护装置、电力参数测量仪、变压器温控仪、直流屏、柴油发电机等。这些监控设备可独立完成测量、控制、报警、通信等功能，一个设备出现问题时，不会影响其他设备的正常运行。

（2）网络通信层：指完成监控系统通信所涉及的底层通信链路（如 RS 485 总线）、通信转换设备（如通信管理机、以太网交换机）以及顶层通信链路（如 TCP/IP 网络）等的总称。这一部分是连接设备终端层和系统管理层的纽带环节。

（3）系统管理层，即电能管理系统的最高管理层，它集中管理项目的全部变配电设备，系统管理层的全部设备安放在监控室内。配置一台数据服务器、激光打印机、UPS 不间断电源等。完成接收现场监控层上传的数据，对这些数据分析、转换、存储，并以图形、数字、曲线、报表等形式进行显示和打印。

1.3.2 通信层设备

DIGIS G 系列负责把现场层智能保护、测控单元的数据采集和解析，再将这些信息上传到当地监控系统和远动通信服务器，完成遥信、遥测。接收当地监控系统和远动通信服务器下达的命令并转发给现场前置层智能保护、测控单元，完成遥控和遥调。其主要功能如表 4.1-20 所示。

DIGIS G 系列主要功能　　　　　　　　　　　　表 4.1-20

网络接口	2 路以太网
串行端口	1 路 RS 485 端口
规约支持	Modbus-RTU、TCP/IP 规约

1.3.3 现场层设备

1. 高、低压电力测量仪表

高、低压电力测量仪表主要功能、性能指标、产品尺寸如表 4.1-21～4.1-23 所示。

高、低压电力测量仪表主要功能　　　　　　　表 4.1-21

功能	型号	主要功能	名称	应用场合
计量装置	DIRIS A40	全电量测量、电能计量、电能质量分析	测量	高压进/馈线柜
开关量输入		最多支持 6 路开关量输入		

功能	型号	主要功能	名称	应用场合
继电器输出		最多支持 6 路继电器输出		
通信方式		Modbus RTU 通信规约、以太网通信、Profubus 通信		

高、低压电力测量仪表性能指标　　　　表 4.1-22

工作电源	110～400VAC/120～350VDC
交流电输入	电压:直接测量线电压 50～700VAC,直接测量相电压 28～404VAC; 通过 PT 测量,一次侧最大 500000VAC,二次侧 60/100/110/173/190VAC; 电流:CT 一次侧最大 9999A,CT 二次侧 1/5A
继电器输出	250VAC-5A-1150VA
功率消耗	电流回路:≤0.1VA/相; 电压回路:≤0.1VA/相; 电源回路≤10VA
开关量输入	10～30VAC
过载能力	电流测量:持续过载 6A,瞬时过载 1s 内 10·In; 电压测量:持续过载 800VAC
环境温度	-10～+55℃
相对湿度	95%
储存温度	-20～+85℃

高、低压电力测量仪表产品尺寸　　　　表 4.1-23

安装方式	柜面安装
尺寸(宽×高×深)	96mm×96mm×60mm
外壳防护等级	IP30
面板防护等级	IP52
显示器类型	LCD 显示

2. 导轨式安装电测量仪表

导轨式安装电测量仪表主要功能、性能指标和产品尺寸如表 4.1-24～

表 4.1-26 所示。

导轨式安装电测量仪表主要功能　　表 4.1-24

功能	型号	主要功能	名称	应用场合
计量装置	COUMTIS 13X	单相回路全电量测量、电能计量	测量仪表	终端配电箱
开关量输入				
继电器输出				
通信方式		RS 485 通信接口,Modbus-RTU 通信规约		

导轨式安装电测量仪表性能指标　　表 4.1-25

工作电源	AC230
交流电输入	额定相电流 5A,最大直连电流 100A; 额定交流电压 230V; 额定频率:50Hz/60Hz
继电器输出	
功率消耗	电流回路:≤0.5VA/相; 电压回路≤0.5VA/相; 电源回路≤10W
开关量输入	
过载能力	电流:1.2 背额定电流,连续工作;30 倍额定电流,允许过载时间 1s; 电压:1.2 背额定电压,连续工作;
环境温度	$-20 \sim +70℃$
相对湿度	$5\% \sim 95\%$
储存温度	$-25 \sim +80℃$

导轨式安装电测量仪表产品尺寸　　表 4.1-26

安装方式	导轨安装
尺寸(宽×高×深)	18.2mm×95.3mm×72mm
外壳防护等级	IP20
面板防护等级	IP51
显示器类型	LCD 显示

3. 层箱内计量表计

层箱内计量表计主要功能、性能指标和产品尺寸如表 4.1-27～表 4.1-29 所示。

层箱内计量表计主要功能 表 4.1-27

功能	型号	主要功能	名称	应用场合
计量装置	COUMTIS 33X	三相回路全电量测量、电能计量	测量仪表	终端配电箱
开关量输入				
继电器输出				
通信方式	RS 485 通信接口,Modbus-RTU 通信规约			

层箱内计量表计性能指标 表 4.1-28

工作电源	AC 3×230V/400V
交流电输入	额定相电流 5A,最大直连电流 120A; 额定交流电压 230V/400V; 额定频率:50Hz/60Hz
继电器输出	
功率消耗	电流回路≤0.5VA/相 电压回路≤0.5VA/相 电源回路≤10W
开关量输入	
过载能力	电流:1.2 背额定电流,连续工作;30 倍额定电流,允许过载时间 1s; 电压:1.2 背额定电压,连续工作;
环境温度	−20～+70℃
相对湿度	5%～95%
储存温度	−25～+80℃

层箱内计量表计产品尺寸 表 4.1-29

安装方式	导轨安装
尺寸(宽×高×深)	90mm×125mm×66.7mm
外壳防护等级	IP20
面板防护等级	IP51
显示器类型	LCD 显示

第 2 章　2015 年电能管理系统设备价格估算

2.1　产品 1 参考价

系列	型号	参考价(元)
中低压配电管理系统软件	Smart PM3000	32000
通信管理机	PMAC3204	10000
	PMAC3208	12500
	PMAC3216	15000
交换机	OPAL8-E-8T	1500
	KIEN3016M(220V)	2500
综保	PMAC835L	3850
	PMAC835T	3850
	PMAC835M	3850
单相表	PMAC615-I	450
	PMAC615-W	550
	PMAC615-Z	600
	加扩展模块	50
三相表	PMAC625-N	700
	PMAC625-W	1000
	PMAC625-Z	1200
	加扩展模块	50
计量表	PMAC901-小于100A	600
	PMAC903-小于100A	950
	PMAC905	1300

2.2　产品 2 参考价

系 列	型 号	参考价(元)
中低压配电管理系统软件	Acrel-2000	3万～5万(设备数量1～10)

系　列	型　号	参考价(元)
通信管理机	ANet-Lx	
交换机	-	-
综保	AM5-F	10800
	AM5-T	10800
	AM5-M	10800
单相表	ACR10E	860
	ACR10EL	1080
	加扩展模块	200
三相表	ACR220E	1600
	ACR220EL	2000
	ACR220ELH	2200
	加扩展模块	200～800
计量表	DDS1352	180
	DDSD1352	360
	DDSF1352	500

2.3　产品 3 参考价

系　列	型　号	参考价(元)
中低压配电管理系统软件	PowerVision 软件	根据具体项目报价
以太网网关	DIRIS G30	5616
交换机	S1016R H3C	第三方提供
	SF102-24CISCO	第三方提供
单相多功能表	XXXXX	-
	XXXXX	-
	XXXXX	-
	加扩展模块	-

续表

系　列	型　号	参考价(元)
三相多功能表	DIRIS A40	3100
	DIRIS A20	2097
	DIRIS A17	2470
	加扩展模块	-
计量导轨表	单相小于 100A E13X	480
	三相小于 120A E33X	720
	三相大于 120A E43X	880